Die Zahlen von 1 bis 7

zugehörige Formen

und der Mensch

Inhalt

Herangehensweise und Ziel 3
Eins 11
Zwei 16
Drei 22
Vier 35
Fünf 47
Sechs 75
Sieben 84
Kreis 105
Anmerkungen 126
Quellenangaben 129
Literaturhinweise 130

„... nicht um Neues zu entdecken,
sondern um das Entdeckte nach meiner Art anzusehen.“

J.W. v. Goethe in einem Brief an Knebel über eine Indienreise

Herangehensweise und Ziel

Was sind Zahlen? Was ist beispielsweise das Charakteristische der Zahl Drei, das sie von der Vier oder der Fünf unterscheidet? Sind Zahlen nur abstrakte Begriffe, die sich als nützlich herausgestellt haben? Oder haben sie eine tiefere Bedeutung für unser Menschsein? Von Pythagoras stammt angeblich der Ausspruch: *„Die Zahl ist das Wesen aller Dinge.“* Wie könnte er dazu gekommen sein? Ist eine solche Art des Denkens in der heutigen Zeit sinnvoll?

Das sind ungewöhnliche Fragen, die nicht leicht zu beantworten sind. Daher sollen Bausteine aus den verschiedensten Quellen herangezogen werden. Von mathematischer Seite kann insbesondere die Geometrie mit den zugehörigen Formen wie z.B. einem Dreieck oder Fünfeck zu Hilfe kommen, denn die anschaubaren Bilder sind uns leichter zugänglich als die Zahlen selber. Zeichnungen bieten reichhaltige Möglichkeiten zur Erweiterung und sind oft von hohem ästhetischen Reiz.

Idealerweise fügt sich die Vielzahl von zunächst unverbundenen Phänomenen zu einem charakteristischen, runden Bild zusammen. Wenn der geeignete Ansatzpunkt getroffen wurde, stützt und bereichert eine Beobachtung die andere, ähnlich wie Goethe in seinem Aufsatz „Bedeutende Fördernis durch ein einziges geistreiches Wort“ schreibt:

> *„... ich raste nicht, bis ich einen prägnanten Punkt finde, von dem sich vieles ableiten lässt, oder vielmehr der vieles freiwillig aus sich hervorbringt und mir entgegenträgt ...“*

Solch ein prägnanter Punkt ist wie eine kostbare Perle. Er stellt die Phänomene in den größeren Zusammenhang von Mensch und Kosmos, Mikrokosmos und Makrokosmos, was ihnen tiefere Bedeutung und Sinn verleiht.

Wie kann ein Punkt, der so reichhaltige Früchte hervorbringt, gefunden werden? Wie können wir das Wesentliche vom Nebensächlichen unterscheiden? Erforderlich ist eine längere, vielseitige, anschauende, vielleicht spielerische Vertiefung in das Thema. Diese Beschäftigung wird über das Intellektuelle hinaus das eigene Empfinden mit einbeziehen, wobei Freude und Überraschung über neue Zusammenhänge auftreten können. Beispielsweise ist schwer vorstellbar, dass jemand, der Musik nicht liebt, an der Musik Berührendes erlebt oder große Einsichten in sie oder durch sie erringen wird. Das Finden eines solchen prägnanten Punktes lässt sich nicht erzwingen. Wenn er aufleuchtet, ist es ein Geschenk, das wir dankbar empfangen dürfen. Wertvolle Hinweise auf dieser Suche sind die Aussagen von Geistforschern wie Rudolf Steiner und Heinz Grill, von denen einige hier zusammengetragen wurden. Ihre Worte sind wie Botschaften aus einer uns wenig bekannten, höchstens erahnten Dimension, die sich einer direkten Überprüfung mit unseren herkömmlichen Mitteln entziehen. Grundsätzlich steht diese Dimension uns allen offen. Wir sind aufgefordert, neue Fähigkeiten in uns zu entwickeln, um die davor hängenden Schleier zu lüften.

Ebenso ist die Mathematik für alle Menschen verfügbar. Auch sie erfordert die Mühe des Lernens. Die Mathematik untersucht mit wissenschaftlicher Methode die Gesetzmäßigkeiten der Zahlen und geometrischen Objekte. Über Kreise, Dreiecke usw. gibt es eine große Zahl von Lehrsätzen, die bedeutsame Eigenschaften und Zusammenhänge formulieren. In ihnen zeigt sich vieles vom Wesen dieser Objekte. Sie sind Mosaiksteine zu einem Gesamtbild.

Aber gibt die wissenschaftliche Betrachtungsweise schon das vollständige Bild? Ist sie nicht auch einseitig? Gerade Schulkinder und Jugendliche tun sich oft schwer mit den nüchternen, abstrakten Formulierungen und der abgekürzten Formelsprache der Mathematik. Sie hat sich sehr weit von der gewohnten Umgangssprache entfernt, um nicht nur zu 99 Prozent, sondern zu 100 Prozent korrekt zu sein. Gibt es nicht einen direkteren Zugang, der bedeutsam ist, über Konstruktionen und Berechnungen hinaus? Wie könnten wir unmittelbar die Qualität einer geometrischen Form, z. B. eines Dreiecks, erfassen? Wie wirkt die Form auf einen Betrachter? In welcher Beziehung stehen Zahlen und Formen ganz allgemein zum Menschen? In diesen Fragen scheint mir ein Mangel der gängigen wissenschaftlichen Methodik zu Tage zu treten, der nach einer Ergänzung ruft:

- nach einer Herangehensweise, die den Menschen, der mit all seinen inneren Anteilen der Zahl oder Form erlebend und empfindend gegenübersteht, mit einschließt und sogar als wichtig erachtet.
- nach einer Herangehensweise, die ästhetische, künstlerische, kreative Betrachtungen fördert.
- nach einer Herangehensweise, die mit einem großen Wunsch zur innersten Wahrheit nach den zentralen Phänomenen sucht.
- nach einer Herangehensweise, – und das ist ganz wichtig – die methodisch ist, die nicht subjektiv, willkürlich, abergläubisch oder nebulös, sondern nachvollziehbar und dialogfähig ist.

Mit einer Herangehensweise in dieser Richtung könnten die wissenschaftlichen Ergebnisse sinnvoll erweitert werden. Das ist vorläufig wie unerforschtes, nebelverhangenes Neuland, wie eine Fähigkeit, die wir noch nicht haben, die wir aber trainieren und ausprägen können. Wer kann schon Einrad fahren, ohne es zu üben? Wenn wir eine solche Erweiterung anstreben, müssen wir uns auf diese andersartige Betrachtungsweise wirklich einlassen, die Zugänge gründlich studieren und uns vorerst als Neulinge auf diesem Gebiet zugestehen, dass wir nicht sofort die verborgene innere Wesensseite des Betrachtungsobjekts in völliger Klarheit vor uns haben werden.

Die mathematischen Resultate in dieser Arbeit sind nicht neu, sie stehen in entsprechenden Lehrbüchern. Auch viele der gezeichneten Formen wurden übernommen, einige wurden neu entwickelt. Noch wenig bekannt sind die Gedanken von Heinz Grill zum Erleben der Formen.

Ein Ziel dieser Arbeit ist es, das eigene, innere Erleben bei der Beschäftigung mit geometrischen Formen anzuregen, Bezüge herzustellen und möglichst ohne komplizierte mathematische Formeln die tieferen Inhalte und Qualitäten von grundlegenden mathematischen Begriffen näher zu bringen. Insbesondere die zitierten Gedanken aus geistiger Forschung verbinden die mathematischen Begriffe mit dem Menschen selbst, wodurch sie für jeden eine Bedeutung erlangen, ganz unabhängig vom Grad der mathematischen Vorbildung.

Bildhafte Anschauungen waren in früheren Zeiten üblich. In der Himmelskunde wurden bestimmte Sterne zu Sternbildern zusammengefasst und mit anschaulichen oder mythologischen Namen benannt. Die Astronomie, die

die Erscheinungen am Himmel mit ihren Gesetzmäßigkeiten erforscht, und die Astrologie, die sie in Bezug zu den Menschen setzt, waren bis zum Beginn der Neuzeit nicht getrennt.

Auch in der Mathematik gab es bildhafte Vorstellungen. Zahlen wurden auch als Gruppierung der entsprechenden Anzahl von Punkten in einer bestimmten Form betrachtet. Ähnliches kennen wir vom Würfeln. In diesen Bildern zeigen sich manche Eigenschaften ganz offensichtlich. Die Quadratzahlen sind immer die Summen der ersten ungeraden Zahlen, z. B. 16 = 1 + 3 + 5 + 7.

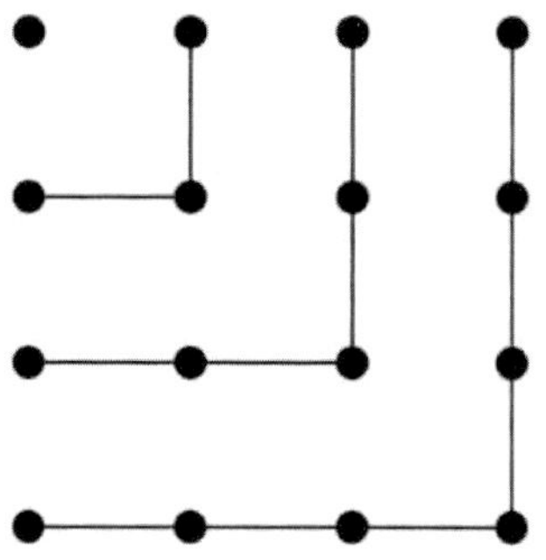

Für den altgriechischen Mathematiker Pythagoras (ca. 580 – 500 v. Chr.) hatten die Zahlen sogar Eigenschaften, die sie in eine Entsprechung zum Menschen brachten. Sie waren z. B. männlich oder weiblich, arm oder reich und sie konnten befreundet sein. Dadurch wirkten die Zahlen beinahe wie Individuen mit einer eigenen Persönlichkeit (interessanterweise bezeichnet in der englischen Sprache „character“ auch einen Buchstaben, ein Symbol oder ein Zeichen, etwa ein Zahlzeichen). Nur ein kleiner Rest solcher Zahlenqualitäten findet sich noch in einem Bereich, der mehr oder weniger als Aberglauben angesehen wird, wie bei der Zahl 13 (trotzdem mit praktischen Folgen: Mannschaften ohne Trikotnummer 13, Hotels ohne Zimmer 13 ...) und in Redensarten wie: „Aller guten Dinge sind drei“. Niemand sagt: „Aller guten Dinge sind vier“. In mir würde sich etwas dagegen sträuben. Liegt das daran, dass es sich um eine feststehende Redewendung handelt oder auch weil es einfach nicht passt, weil die Vier unverwechselbar die Vier und nicht die Drei ist?

Die Vorstellungen und Begriffe, wie sie Pythagoras hatte, sind uns heute sehr fremd und wir können nicht einfach zu ihnen zurückkehren. Aber wenn wir davon ausgehen, dass die Realität und damit auch die Zahlen und Formen nicht völlig zufällig sind, sondern Gesetzmäßigkeiten folgen, können wir anstreben, diesen näher zu kommen. Heinz Grill [12, S. 7] sagt:

„Es ist mit jeder tatsächlichen, symbolischen Form eine Wirklichkeit beschrieben, die es in der geistigen Schöpfung gibt. Wir wollen die Wirklichkeit mehr empfinden lernen, wir wollen sie anhand der Form tiefgreifend erleben. Wir wollen nicht nur den materialistischen Gebrauchswert einer Sache sehen, einer Zahl, eines Symbols, sondern wir wollen das Symbol selbst als eine Wirklichkeit, als eine bestehende Dimension in der Weltenschöpfung erleben lernen."

Ich denke, alle Menschen, insbesondere die jungen Menschen, wollen etwas lernen über die Welt und genauso über sich selber. Im Menschen lebt ein Wunsch nach Erkenntnis tiefer Wahrheiten. Dieser Wunsch wird beispielsweise durch einen mathematisch formulierten Lehrsatz über die Winkelsumme im Dreieck nicht befriedigend erfüllt. Darin ist der Mensch zu wenig angesprochen. Wenn es gelingt, eine verbindende Brücke zwischen der Person mit ihrem Entwicklungs- und Erkenntnisbedürfnis auf der einen Seite und dem Thema auf der anderen Seite zu schlagen, so wäre das für Kinder, Jugendliche wie auch Erwachsene heilsam.

Nach Heinz Grill gehen erste Schritte zur geistigen Wirklichkeitsebene über wiederholte, fragende Auseinandersetzung mit entsprechenden Gedanken, Schulung der Empfindungen und unmittelbares Erleben. Einige Möglichkeiten einer Annäherung werden im Folgenden vorgestellt. Sie können ergänzt werden durch eine allgemeine ästhetisch-künstlerische Schulung, Naturbetrachtungen und vertiefte Auseinandersetzung mit den Grundfragen des Lebens. Eine grundlegende Einführung in derartige Übungen ist in dem Buch „Übungen für die Seele" von Heinz Grill [16] zu finden.

Im Zusammenhang mit Zahlen und Formen tritt auch die Frage nach ihrer jeweiligen Symbolik auf. Die symbolische Bedeutung schwingt mehr oder weniger bewusst mit bei jeder Betrachtung, aber ein schematisches Vorgehen in der Art „Dreiheit heißt ..." wäre unbefriedigend. Denn abgesehen davon, dass man sicherstellen müsste, dass das Zeichen tatsächlich genau für die genannte Bedeutung steht, wäre es ein sehr unlebendiger, völlig vom Vorwissen abhängiger Weg, der keine zusätzliche Erweiterung im Wissen oder in der Person mit sich bringt. Rudolf Steiner [35, S. 140] spricht in Bezug auf eine symbolische Deutung der Formen des ersten Goetheanums vom *„falschen Wege"* und *„Eulenspiegelei"* und stellt dagegen: *„ich muss mir nur die Fähigkeit aneignen, die Sprache, die durch diese Formen gesprochen* *wird, zu verstehen, aber in meinem Herzen muss ich sie verstehen, nicht anfangen nur auszudeuten.“* Dieses selber gewollte Verstehen aus der Herzenswärme fügt zum kühlen wissenschaftlichen Denken passende Empfindungen hinzu.

Ein Dreipass oder eine andere dreifache Form in einer gotischen Kathedrale kann einen Betrachter natürlich an die christliche Dreifaltigkeit mit den göttlichen Personen Vater, Sohn und Geist erinnern. Durch einen rein verstandesmäßigen Schluss aus der Dreiheit der Form auf die Trinität ist jedoch noch nichts gewonnen. Denn dadurch kommt man dem Geheimnis der göttlichen Trinität nicht wirklich näher. Der Bezug bleibt oberflächlich, ohne innere Beteiligung.

Die dreifachen Formen haben jedoch ihren Sinn. Sie wirken bereits aus sich heraus mit ihrer Schönheit, ihrer Symmetrie, den abgestimmten Proportionen und den exakten Berührungen. Wir können die Formen bewusst auf uns wirken lassen. Dann können sich die Formen uns gegenüber aussprechen und es kann aus der Betrachtung eines dreifachen Miteinander und Gegenüber innerhalb einer geschlossenen Einheit möglicherweise eine Ahnung von einer tieferen Bedeutung erfahrbar werden.

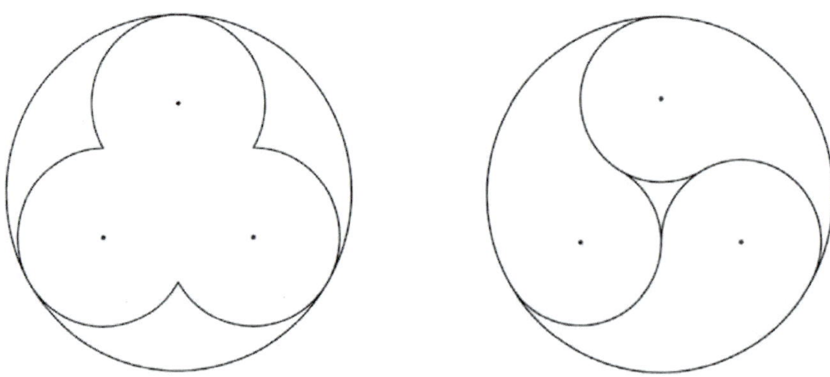

Folgen Sie dem Rhythmus der Formen mit den Augen und vervollständigen Sie gedanklich die Kreisformen. Vergleichen Sie die beiden Formen.

Kurze Zeit später kommt Rudolf Steiner am Beispiel des Kreises darauf zu sprechen, wie der Mensch, anstatt die Formen symbolisch zu deuten, günstiger an sie herangehen kann. Er schreibt von der Notwendigkeit *„vom rein mathematischen Formwissen zum Formfühlen"* überzugehen und fährt fort [35, S. 147]:

> *„Wenn Sie sich klarmachen, dass im Grunde genommen der wirklich lebendig empfindende Mensch, wenn er einem Kreise gegenübersteht, in seiner Seele auftauchen fühlt das Gefühl der Ichheit, das Gefühl der Selbstheit, so dass, indem er das Kreisrund sieht, oder nur ein Stück von dem Kreis sieht, oder wenn er ein kleines Stück Kugelschale sieht, er fühlt, dass das hindeutet auf das ‚Sich-selbständig-Fühlen'. Wenn der Mensch so fühlt, dann lernt er in Formen leben."*

Daran schließt Rudolf Steiner weitere Beispiele zu diesem aktiven Sich-Hineinfühlen in Formen an. Beispielsweise führt er aus, dass bei einem Kreis das Innere ohne Bezug zum Äußeren für sich steht, hingegen ein Einfühlen in die mittlere Figur (s.u.) mit der gewellten Kreislinie einem aufmerksamen Betrachter das Gefühl vermittelt, dass das Ich mit der Außenwelt in eine Auseinandersetzung getreten ist, die zu einer Veränderung der Kreislinie geführt hat. Es wirken sozusagen unsichtbar Kräfte von innen und von außen und das Ergebnis dieser Kraftwirkungen wird in der Verformung der Kreislinie sichtbar. Steiner zufolge sind hier die Kräfte des Inneren stärker als die des Äußeren, das Innere schiebt sich von innen nach außen. Bei der rechten Figur mit der gezackten Kreislinie ist es gerade umgekehrt, das Äußere hat die Oberhand und drückt sich in den Kreis hinein.

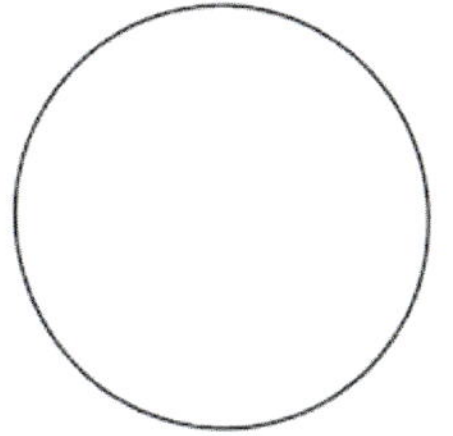

Versetzen Sie sich in das Innere der Formen hinein. Beachten Sie insbesondere die Grenzlinie zwischen innen und außen. Wie erleben Sie das Verhältnis des Inneren zur Umgebung?

Manche Künstler würden eine solche Form vielleicht in ähnlicher Weise beschreiben. Mir stellt sich die Frage, ob die Kräfteverhältnisse nicht genau umgekehrt sein könnten, so dass im mittleren Bild die äußeren Kräfte die Oberhand haben und rechts die inneren. Hier sind wir zu einer sorgfältigen Prüfung herausgefordert, um nicht vorschnell ein rein subjektives Urteil zu fällen, das für andere Betrachter nicht nachvollziehbar ist. Die angestrebten Formgefühle sind für uns heutige Menschen oftmals fremd oder verzerrt und müssen erst errungen werden. Sie bedürfen dann einer Schulung, wie auch ein Musikfreund durch wiederholtes Studieren, Hören und Vergleichen mehr wahrnehmen und erleben kann, ohne seine Freude an der Musik einzubüßen. In der obigen Situation erscheint es mir plausibel, dass bei einem Überwiegen der inneren Kräfte die dem Kreis eigene Form des Runden stärker bewahrt bleibt, jedoch bei einem Überwiegen des Äußeren die eigenen, runden Formelemente gegenüber den fremden verloren gehen.

Bei Heinz Grill [13, S. 16ff] wird eine grundlegende Möglichkeit, wie man sich Formen annähern kann, ausführlich geschildert. Zunächst wird die Form in Ruhe und ohne ein Ergebnis vorwegzunehmen mit den Augen abgetastet. Als Folge wird diese Bewegung im Inneren in zunächst unmerklicher, feiner Weise mitvollzogen. Diese innere Verlebendigung ist wiederum allgemein aufbauend für die Lebenskräfte und das Nervensystem. Anschließend kann ein weiterer Schritt erfolgen. Nun wird die Form ohne erneut hinzuschauen erinnert. Sie wird in eigener Aktivität aus dem Gedächtnis noch einmal aufgebaut und vor das innere Auge gerückt. Dabei werden auftretende Empfindungen und Stimmungen beachtet. Die unterschiedlichen Formen beinhalten ihre eigenen Qualitäten, so dass sich beim Betrachter auch verschiedene Reaktionen einstellen. Insbesondere wenn Formen nach mathematischen Gesetzen und Zusammenhängen aufgebaut sind, wird der Betrachter diese unbewusst wahrnehmen und leise mit einer entsprechenden, freudigen Empfindung darauf antworten. (1)

Alles ist eins

1

Am Anfang des Zählens steht die Eins, z. B. wenn wir mit den Fingern zählen oder in der Situation sind, dass mehrere gleichartige Objekte vorhanden sind, z. B. einige Äpfel. In der äußeren, materiellen Welt, wo die Objekte ohne einen weiteren Zusammenhang nebeneinander stehen, ist diese additive, anhäufende Betrachtungsweise angemessen. Wir sind sie gewohnt. Zu vier Äpfeln können beispielsweise noch zwei weitere dazu gelegt werden. Die Anzahl von sechs Äpfeln hat jedoch nichts mit dem Wesen des Apfels zu tun.

Rudolf Steiner [37, S. 71] unterscheidet davon eine fundamental andere Art der Zahlbetrachtung, die von einem Ganzen als der Eins ausgeht. In ihr sind die anderen Zahlen schon als Teile enthalten. Ein Hund ist eine unteilbare Einheit. Der Hund hat vier Füße. Damit ist die Vier in der Eins enthalten. Diese gliedernde Betrachtungsweise stammt aus alter Zeit. Sie entspricht mehr dem Beziehungsaspekt und der belebten Welt. Die Zwei entsteht aus der Eins, ähnlich wie bei der embryonalen Zellvermehrung aus der ersten befruchteten Eizelle durch Teilung ein Lebewesen aus dann zwei Zellen entsteht. Die Eins ist der Urbeginn, aus dem alles hervorkommt. Die Eins ist das Sein im Gegensatz zur Null, dem Nichtsein.

Ernst Bindel [5, S. 27ff] folgt Steiner und stellt die beiden Arten bildlich gegenüber:

anhäufend *gliedernd*

Nach Bindel ist die gliedernde Betrachtungsweise da angezeigt, wo der Blick zuerst auf das Ganze fällt und wo die Teile so in einer Verbindung stehen, dass das Ganze mehr als die Summe seiner Teile ist und man vom Ganzen ausgehend die Teile begreift, beispielsweise bei einem Wald oder einem Organismus, nicht jedoch bei sechs Äpfeln.

Bindel vergleicht das Bild der gliedernden Art mit einer schwingenden Saite, bei der die Obertöne schon mitschwingen, also schon enthalten sind. Verkürzt man beispielsweise die Saite auf halbe Länge, so wird direkt der erste Oberton erzeugt, der eine Oktave höher als der Grundton erklingt.

Geht man vom Wort aus, so ist die Eins verwandt mit der Einheit, die alles einbezieht und nichts ausschließt, ungeteilt, undifferenziert. Es heißt, ein Baby empfindet sich in Einheit mit seiner Umgebung, ähnlich wie wohl auch die Naturvölker früherer Zeiten. Religionen und Philosophen haben die Eins mit dem Zustand der vollkommenen Einheit von Gott und Welt identifiziert. Dieser so schwer zu beschreibende paradiesische Zustand, in dem wir als moderne Erwachsene uns nicht mehr erleben, wurde und wird von Mystikern und spirituell Suchenden oft herbeigesehnt. Giordano Bruno hat diese Suche nach Einheit mit dem Bild der antiken Sage des Jägers Aktaion umschrieben. Aktaion, von edelster Abstammung, trennt sich auf einem seiner vielen Jagdausflüge von seinen Gefährten und erblickt unversehens Diana, die Göttin der Jagd, nackt beim Bade. Die erzürnte Göttin verwandelt ihn in einen Hirsch, der kurz danach von der Schar seiner eigenen Hunde aufgespürt und zerfleischt wird. Man könnte sagen, der Anblick der unverhüllten Gottheit oder das unmittelbare Erleben einer tiefsten Wahrheit verwandelt den Menschen und er wird zu dem, dem er zuvor leidenschaftlich nachgejagt hat, allerdings um den Preis, dass er sein bisheriges Leben verlassen muss. [4, S. 204f]

In unserem gewöhnlichen Erleben erscheint uns die Welt vielfältig und sowohl untereinander als auch von uns getrennt. Dennoch ist alles Teil des größeren Ganzen und kann nie aus der Einheit herausfallen. Nach Rudolf Steiner [28, S. 179] ist es sinnvoll, diese unsichtbare Verbindung mitzudenken:

> *„Das Wesentliche der Einheit ist die Unteilbarkeit. In der Wirklichkeit kann man freilich die Einheit auch wieder teilen, zum Beispiel in 1/3 und 2/3. Nun gibt es aber etwas sehr Bedeutsames und Wichtiges, das Sie in Gedanken vollziehen können: In der geistigen Welt bleibt das Drittel, wenn Sie zwei Drittel wegnehmen, dazugehörig. Gott ist ein einheitliches Wesen. Wenn etwas von Gott herausgeteilt wird als Offenbarung, so bleibt der ganze Rest vorhanden als etwas, was dazugehört. Im pythagoreischen Sinne: Teile die Einheit, aber teile die Einheit nie anders, als dass du im Untergedanken den Rest dazu hast."*

Unser Auge ergänzt das Fehlende unwillkürlich, wenn es zu einem Bild das Nachbild in der jeweiligen Komplementärfarbe erzeugt. Auch im Gebiet der Wahrscheinlichkeitsrechnung könnte man von einer solchen Teilung der Eins sprechen. Die Wahrscheinlichkeit dafür, dass ein Ereignis eintritt, zusammen mit der Wahrscheinlichkeit, dass dieses Ereignis nicht eintritt, ergibt immer 1, also 100 %.

Als Zahlzeichen für die Eins wird historisch ein einzelner Strich verwendet, senkrecht (z. B. in römischen Ziffern I) oder waagrecht (z. B. in China). Das passt gut zur anhäufenden Zahlbetrachtung. Es könnte auch an einen Punkt gedacht werden. Doch ein Punkt hat mathematisch keine Ausdehnung. Um ihn sichtbar zu machen, wird er als kleiner Kreis dargestellt. Wie kann er als Bild für das Gesamte dienen? Wie könnte das Ganze im Sinne der gliedernden Zahlbetrachtung bildlich dargestellt werden? Müsste man die ganze Ebene gleichmäßig bedecken? Jede Begrenzung stellt schon ein Innen und ein davon getrenntes Außen dar und beinhaltet so die Zwei. Dennoch wird der Kreis mit seiner vollendeten Symmetrie z. B. von Omraam Aïvanov [2, S. 23] als Sinnbild des Universums angesehen.

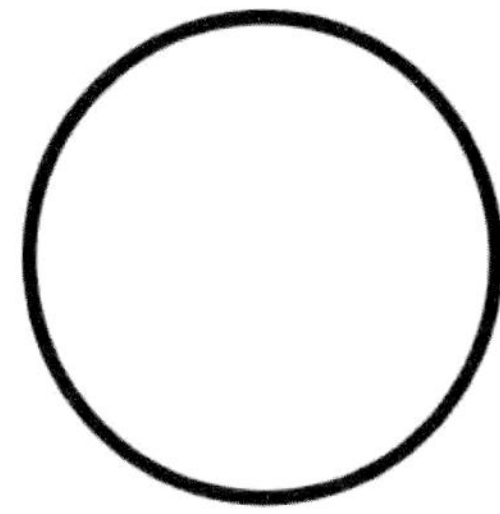

Mathematisch betrachtet gehört zu einer Gleichung, bei der die Variablen x und y beide mit dem Exponenten 1 auftreten, die geometrische Figur einer Gerade ($y = mx + t$), während der Exponent 2 oder andere Exponenten zu gekrümmten Linien wie Kreis ($x^2 + y^2 = r^2$) oder Parabel ($y = x^2$) führen. (2) Eine einzelne Gerade mit ihren beiden Richtungen ist jedoch ebenfalls ein Bild für die Zwei. Helfen könnte die Sichtweise der projektiven Geometrie. Dort gehören zu einem Punkt gleichzeitig alle Geraden durch diesen Punkt. Der Punkt mit seinem sternförmigen Büschel von Geraden steht so in Beziehung zur gesamten Ebene. Dabei sollte dieser Punkt nicht an einer Stelle fixiert, sondern frei in der Ebene beweglich gedacht werden.

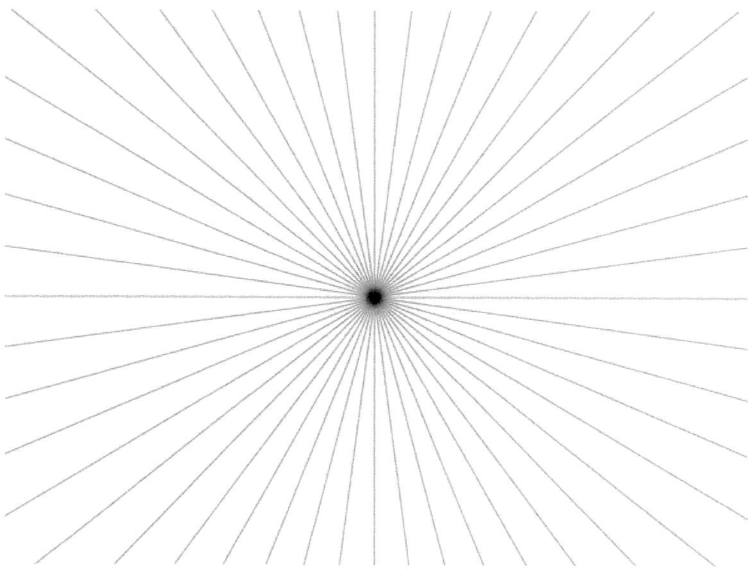

Die Zwei
ist die Zahl der Offenbarung,
der Manifestation.
Rechts nicht ohne Links,
Licht nicht ohne Dunkel.

Rudolf Steiner [30, S. 60]

2

In der Zahl Zwei tritt eine Polarität in Erscheinung. Aus der undifferenzierten, ruhenden Einheit differenziert sich in einer ersten Bewegung ein Unterschied heraus. Ein Spannungsverhältnis entsteht. Die Spaltung drückt sich in Gegensatzpaaren aus: ja – nein, männlich – weiblich, Tag – Nacht, plus – minus, gerade – ungerade, gut – böse, rechts – links, einatmen – ausatmen, innen – außen, Ich – Nicht-Ich und viele andere mehr. Auf dem Weg von der Einheit zur Vielheit und Vielfalt treten hier stärkste Kontraste auf, die sich aber doch gegenseitig bedingen wie die zwei Seiten einer Medaille.

Das zeigt sich künstlerisch im fernöstlichen Zeichen für Yin und Yang. Die weiße und die schwarze Fläche sind zusammengehörige Teile eines einenden, beides umschließenden Kreises. Sie umspielen einander und enthalten im innersten Kern jeweils einen Keim des anderen.

Im westlichen Denken wird mehr die Spannweite des Unterschieds betont. Zu einer These erwächst die entsprechende Antithese (Hegel), so wie in Deutschaufsätzen in zwei Abschnitten pro und kontra in Bezug auf eine Aussage abgehandelt werden.

Was im Wort Zwei steckt, ist im folgenden Gedicht von Friedrich Rückert schön dargestellt:

Die Zwei ist Zweifel, Zwist, ist Zwiespalt, Zwietracht, Zwitter.
Die Zwei ist Zwillingsfrucht am Zweige, süß und bitter.

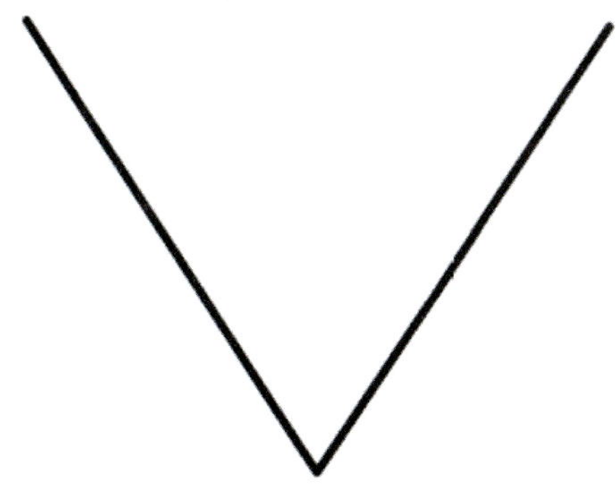

Als Zahlzeichen sind zwei senkrechte oder waagrechte Striche gebräuchlich. Dehnt man den Punkt in einer Richtung aus, so erhält man eine Linie als Symbol für die Zwei. Eine Ausdehnung entsteht und wird sichtbar. Auch ausgehend von zwei Punkten ist eine Verbindung dieser Punkte mit einer Linie naheliegend:

Zwei widerstreitende Standpunkte erzeugen eine lebendige Dynamik und in der Folge Entwicklung, während die Eins als alles umfassende Gesamtheit gleichbleibende Ruhe verkörpert. Aus zwei Punkten ergibt sich die Verbindungsgerade, aus zwei Geraden der Schnittpunkt. Zwei Zahlen können addiert oder multipliziert werden. Bei der Zellteilung werden aus einer Zelle zwei Zellen, die um eine gemeinsame Mitte gelagert sind. In diesem Vorgang der Teilung zeigt sich das Auseinanderstreben deutlich.

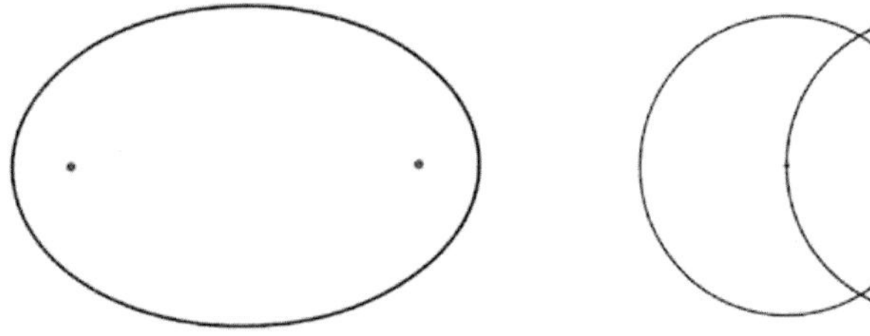

Ellipse mit ihren zwei Brennpunkten *„Fischblase"*

Ähnlich wächst eine junge Pflanze nach oben und mit ihrer Wurzel nach unten. Goethe sah in den Pflanzen sogar eine dreifache Polarität. Aus dem kleinen Samenkorn entfalten sich die Blätter nach außen. Auf einer gesteigerten Stufe öffnet sich aus der verdichteten Knospe die farbige Blüte. Die dortigen Fadenorgane zur Befruchtung sind wieder sehr zusammengezogen, während die Frucht zu einiger Größe heranwachsen kann und in ihrem Inneren die konzentrierten neuen Samen enthält.

Gleichzeitig ermöglicht die Zwei zum ersten Mal Beziehung. Solange alles in einer Einheit verbunden ist, gibt es nichts, das irgendwie in Beziehung treten kann. Beziehung benötigt zumindest eine mehr oder weniger getrennte Zweiheit oder eine Gliederung der Einheit.

Eine Zweiheit finden wir in auffälliger Weise beim Menschen. Betrachtet man ihn, so sieht man zwei Beine, zwei Hände, zwei Augen, zwei Ohren. Äußerlich gesehen ist der Mensch fast völlig symmetrisch. Seine rechte und linke Seite sind wie gespiegelt an einer mittleren Ebene oder, als Bild von vorne betrachtet, an einer senkrechten Achse. Ein Körperteil rechts hat seine Entsprechung links. Durch diese Zweiheit können wir uns auf uns selbst beziehen. Beim Aneinanderlegen der Handflächen in der Mitte vor der Brust findet eine Berührung mit sich selbst und ein Wahrnehmen seiner selbst statt. Tiere können das nicht. Durch diese Geste, im Abendland zum Gebet, in Indien bei der Begrüßung gebraucht, *„kommt schon etwas von der Ich-Empfindung zustande.“* [32, S. 117]

Ein Grundprinzip der Zwei liegt in der Spiegelung. Mit einer Spiegelung an einer Achse wird eine gegebene geometrische Figur verdoppelt. Es handelt sich nicht um eine reine Wiederholung, denn bei der Spiegelung dreht sich der Drehsinn um, so wie ein linker Handschuh gespiegelt ist zum rechten. Jede Stelle des einen lässt sich eindeutig einer Stelle des anderen zuordnen, dennoch sind die beiden nicht gleich. Diese Zuordnung kann ganz unterschiedlich erfolgen.

Zeichnung nach dem Saturn-Siegel von Rudolf Steiner

Besonders prägnant ist diese Art der Beziehung, bei der sich jeder Punkt der einen Form einem Punkt der anderen Form zuordnen lässt, jedoch ohne eine äußerlich sichtbare Gleichheit der beiden Formen, bei der Spiegelung am Kreis. Denn neben der Spiegelung an einer Gerade gibt es auch die Spiegelung an der Kreislinie. Ein Teilstück eines sehr großen und damit sehr wenig gekrümmten Kreises ähnelt einer geraden Linie. Die Gesetzmäßigkeiten der Spiegelung an einer Geraden lassen sich übertragen auf eine Spiegelung am

Kreis, auch Inversion genannt. Man versteht darunter eine Vorschrift, die jedem Punkt des Kreisäußeren einen Punkt im Inneren zuordnet und umgekehrt. Der einzige Sonderfall besteht im Kreismittelpunkt, der zu einem zusätzlichen, unendlich weit entfernten Punkt P_∞ gehört. Die Punkte der Kreislinie selbst bleiben unverändert.

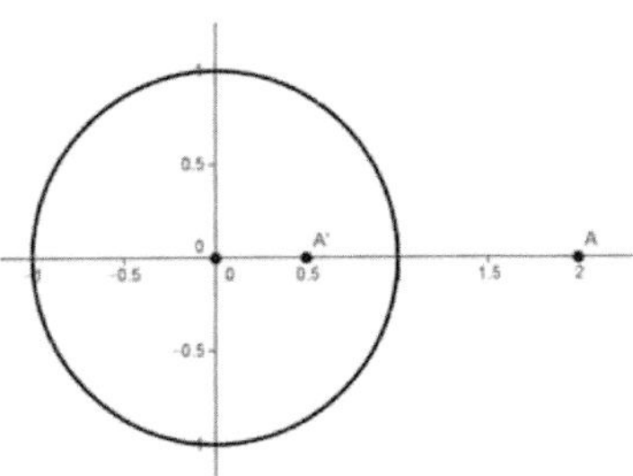

Betrachten wir der Einfachheit halber den Kreis um den Koordinatenursprung O(0|0) mit Radius 1. Der Spiegelpunkt A′ liegt in gleicher Richtung vom Mittelpunkt wie der Punkt A, seine Entfernung OA′ vom Mittelpunkt ist der Kehrwert der Entfernung OA, beispielsweise ist der Kehrwert zu 2 die Zahl ½ = 0,5 und umgekehrt.

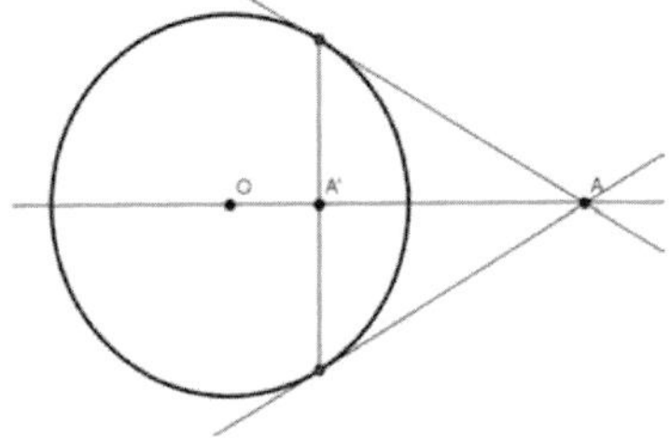

Der Spiegelpunkt lässt sich auch ohne Rechnung durch Konstruktion finden. Vom Punkt A werden die Tangenten an den Kreis gelegt. Die Verbindungslinie der beiden Berührpunkte geschnitten mit der Geraden OA ergibt den Spiegelpunkt A′.

Liegt der Ausgangspunkt A im Inneren, so kann man einfach rückwärts vorgehen. Man zeichnet die Verbindungsgerade g von A zu O und bei A senkrecht dazu eine Gerade, die den Kreis schneidet. In diesem Schnittpunkt zeichnet man die Kreistangente und schneidet sie mit g.

Diese Zuordnung ist insofern überraschend, als das Kreisinnere zu $r = 1$ den begrenzten Flächeninhalt π hat, das Kreisäußere jedoch den unendlich großen Rest der Ebene ausmacht. Dennoch existiert zu jedem Punkt des Äußeren genau ein Punkt im Inneren und umgekehrt, wie auch auf der x-Achse zu jeder Zahl größer 1 der Kehrwert zwischen 0 und 1 existiert. Obwohl das Kreisäußere vom Flächenmaß gesehen viel größer als das Innere ist, lassen sich die beiden mit dieser einfachen Vorschrift vertauschen.

Diese Transformation hat einige bemerkenswerte Eigenschaften. Aus Geraden werden Kreise (auch so können Kreise konstruiert werden). Nur Geraden durch den Kreismittelpunkt bleiben (Fix-)Geraden. Schnittwinkel bleiben erhalten. Kurven, die zunächst nichts miteinander zu tun haben, stehen plötzlich in engem Zusammenhang. Spiegelbild der Kardioide außen ist eine Tropfenform innen, Bild einer Hyperbel eine Lemniskate.

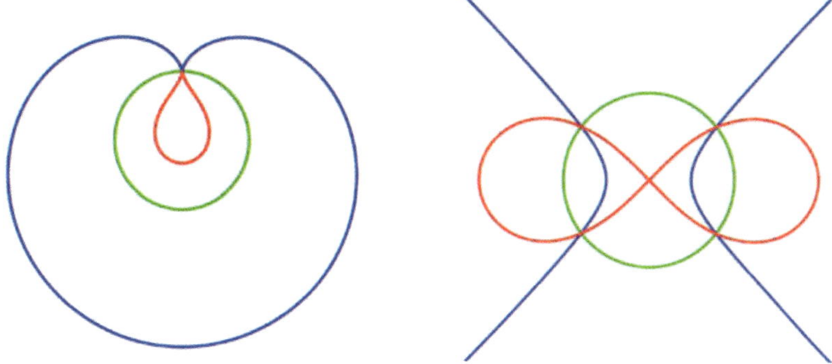

Spiegelung von Kardioide und Hyperbel

In einem Spiegel kann der Mensch sich selbst anschauen, wie es sonst nicht möglich ist. Nach dem Sprichwort „wie man in den Wald hineinruft, so schallt es heraus", spiegelt einem die Umgebung das eigene Verhalten wider und trägt so zur Selbsterkenntnis bei. Das Wort Reflexion hat physikalisch die Bedeutung des Zurückwerfens von Wellen an einer Grenzfläche. So reflektiert der Mond das Licht von der Sonne. In Bezug auf den Menschen bedeutet Reflexion ein vertieftes, bewusstes, kritisches Nachdenken, speziell über sich selbst. Wir stoßen auf eine Verbindung von Spiegelung und Denken.

In einer weiteren Hinsicht könnte die Spiegelung am Kreis interessant sein. Sie kann als Bild oder Analogie dienen, wie die gewöhnliche, uns allen bekannte materielle Welt mit der sinnlich nicht wahrnehmbaren seelisch-geistigen Welt zusammenhängt. Es wurde von Heinz Grill und Rudolf Steiner mehrfach beschrieben, dass die seelisch-geistige Welt dem Schauenden wie gespiegelt oder umgestülpt erscheint.

Ähnlich könnte man sich als groben Vergleich vorstellen, dass die Seele im Wachbewusstsein an den Leib gebunden ist. Bildlich gesehen ist dann die Seele auf das Kreisinnere begrenzt. Im Schlaf oder nach dem Tod löst sich die Seele jedoch vom Leib, die Verhältnisse kehren sich um und die Seele lebt im Kreisäußeren, dem Kosmos.

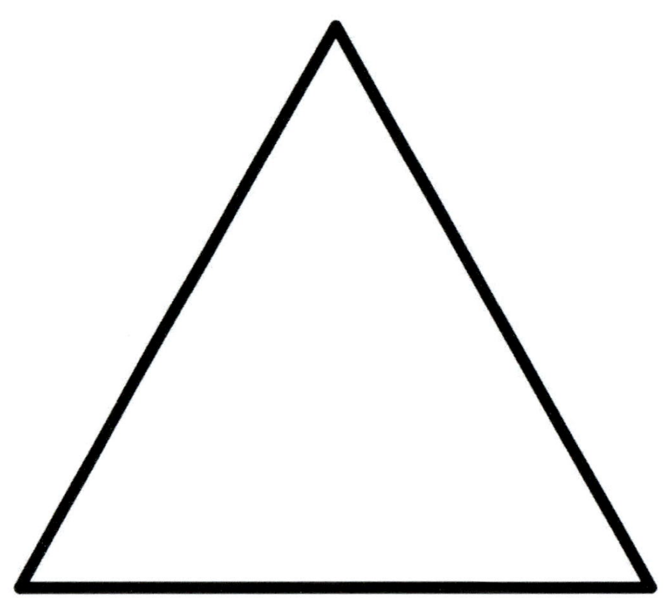

Immer wenn die Augen auf ein gleichseitiges oder gut geformtes Dreieck blicken, wird der Beobachter in seiner Seele ganz verborgen ein Gefühl der Harmonie, die sich zwischen Einheit und Gliederung ausdrückt, entdecken.

Heinz Grill [14, S. 261]

3

Die Zwei ermöglicht ein endloses hin und her, bei dem einmal mehr die eine Seite überwiegt, einmal mehr die andere. Soll etwas Neues hereinkommen, so darf es nicht einfach zwischen den beiden schon vorhandenen Polen liegen. Vermischen wir Weiß und Schwarz zu einem einheitlichen Grau, so ist das ein Zurückkehren zur Eins und kein Fortschritt. Es braucht einen höheren Gesichtspunkt, um von der These und der Antithese zur Synthese zu kommen. Goethe sah pflanzliche Entwicklungsprozesse durch Polaritäten gekennzeichnet, zu denen dann jeweils eine Steigerung hinzutritt.

Als Zahlzeichen werden drei senkrechte Striche III oder drei waagrechte Striche verwendet, aus denen unser Zeichen „3“ entstanden ist (wie „2“ aus zwei waagrechten Strichen). Als geometrisches Symbol bietet sich das Dreieck an.

Die Drei ist eine ganz besondere Zahl, die im Gegensatz zur ambivalenten Zwei typischerweise in positiven, sympathischen, idealen Zusammenhängen auftritt. „Aller guten Dinge sind drei“, drei Wünsche im Märchen, dreifache Segenssprüche (auch „dreimal hoch soll er leben“), als klassische Ideale Platons das Wahre, Gute und Schöne, die christlichen Tugenden Glaube, Hoffnung, Liebe, in der französischen Revolution die Ziele Freiheit, Gleichheit und Brüderlichkeit, in der Alchimie die Grundprinzipien Sal, Merkur und Sulfur.

In vielen fundamentalen Daseinsbereichen finden wir eine Dreigliederung vor: Die Zeit gliedert sich in Vergangenheit, Gegenwart und Zukunft (auch Anfang, Mitte, Ende), der Raum ist dreidimensional mit den drei Raumrichtungen vorne – hinten, oben – unten, rechts – links und die Naturwissenschaft kennt die drei Aggregatzustände fest, flüssig, gasförmig (z. B. Eis, Wasser, Dampf). Adjektive haben drei Steigerungsformen (schön, schöner, am schönsten), in Märchen tauchen drei Brüder auf, in der Musik gibt es Dreiklänge, in sportlichen Wettkämpfen Gold-, Silber- und Bronzemedaillen. Vater, Mutter und Kind bilden eine Familie. Und schon seit langer Zeit findet sich in Religionen die Gottheit in der Dreizahl: im Christentum Vater, Sohn und Geist, im alten Ägypten Osiris, Isis, Horus, im Hinduismus Brahma, Vishnu, Shiva. In der indischen Tradition des Vedanta wird das Göttliche beschrieben als Sat-chit-ananda, d. h. Sein, Bewusstsein und Glückseligkeit.

Auch im Menschen zeigt sich eine Dreiheit verschiedentlich. Der menschliche Embryo entwickelt bald drei Keimblätter, innen das Entoderm, außen das Ektoderm und dazwischen das Mesoderm. Rudolf Steiner gliedert den Leib in drei Funktionsbereiche: das Nerven-Sinnes-System, das besonders am Kopf lokalisiert ist, dann das rhythmische System, das besonders im Brustbereich mit Herz und Lunge seinen Platz hat, und schließlich mehr im Unterleib und den Beinen das Stoffwechsel-Gliedmaßen-System. Diese drei Bereiche korrespondieren wiederum mit den inneren Aktivitäten des Denkens, Fühlens und Wollens.

Was drückt sich in der Drei aus? Zu der polarisierenden, auseinander strebenden oder vielleicht sogar konfrontativen Zwei tritt ein neues Element hinzu, was die Beziehungen umordnet. Im Bild erscheint die Drei als Dreieck, das drei Ecken, drei Seiten und drei Winkel besitzt. Die zusätzliche Dimension gegenüber der Linie ermöglicht einen geschlossenen Innenraum in der Fläche. Im Dreieck ist jede Ecke mit jeder anderen durch eine Seite verbunden. Ingrid Riedel [22, S. 67] nennt das Dreieck die Form des Bezogen-Seins. Hugo Kükelhaus [20, S. 70ff] sieht die Drei mit Drehen und Bewegung in Verbindung, wie der Wortanfang nahelegt und wie ein Walzertanz im Dreivierteltakt es ausdrückt.

Heinz Grill widmete eine Broschüre der geistigen Bedeutung des Dreiecks [12, S. 5-13]. Er formuliert dort aus seiner geistigen Forschung:

> *„Warum ist die Drei ein so wichtiges Symbol? Wir finden in der Dreiheit die drei Welten vor, wir finden einen transzendenten Geist, eine kosmische Welt, die der Seelenwelt entspricht und wir finden eine irdische Welt. In der Drei ist eine Einheit gegeben von einer irdischen Welt, von einer Seelenwelt und schließlich von einer ganz freien, übersinnlichen Dimension, die wir als Geist bezeichnen. So finden wir im Menschen in diesem Sinne auch die Drei vor, so dass wir ganz klar die Struktur gliedern können in Körper, Seele und Geist. Die Dreiheit ist deshalb ein Prinzip der Weltenschöpfung.“* (S. 11) *„Wenn wir Formen betrachten, dann erleben wir an der Form uns selbst...“* (S. 6) *„Immer wenn wir ein Dreieck sehen, werden wir im Innersten an das einheitliche, versöhnende und verbundene Leben der geistigen Welten erinnert.“* (S. 2)

Hier scheinen mir ganz wesentliche Aussagen zum Dreieck und seinem Erleben enthalten zu sein. Vereinfacht formuliert: Die Welt bildet eine Einheit, die sich in drei Ebenen gliedert, wie ebenso der Mensch eine Einheit von Körper, Seele und Geist bildet, und wenn wir ein Dreieck anschauen, werden wir an diese fundamentale Gegebenheit zumindest unbewusst erinnert.

Nicht von einer Zweiheit Himmel – Erde oder Leib – Seele ist hier die Rede, sondern von einer Dreiheit, nicht von einem polaren Gegenüber, sondern von einem gegliederten, beziehungsvoll verbundenen Zusammenwirken.

Nun muss erwähnt werden, dass Heinz Grill, wie auch Rudolf Steiner Experten auf dem Gebiet der seelisch-geistigen Welten sind und diese Welten über viele Jahre hinweg erforscht haben. Ihre Aussagen mögen in manchen Fällen recht einfach klingen, in anderen Fällen sehr überraschend sein und vielleicht sogar den bisherigen eigenen Meinungen widersprechen. Hier müssen wir erst einen geeigneten Standpunkt finden. Mir erscheint es günstig, als Nicht-Experte auf diesem Gebiet, die Aussagen dieser Autoren möglichst sorgfältig zu studieren, um herauszufinden, was sie wirklich mit ihren Worten meinen, und nicht vorschnell ein Urteil zu fällen. Da die Angaben der Geistforscher sich auf eine andere Seinsebene beziehen und aus einer anderen Erkenntnishaltung heraus entstanden sind, sollen sie auch nicht leichtfertig mit unserem Alltagsdenken vermischt werden.

Vergleicht man die Situation mit Ergebnissen eines mathematischen Experten, so wird es einem ähnlich ergehen. Vielleicht versteht man die Behauptungen zunächst nicht und weiß nicht, wie er dazu gekommen ist. Beschäftigt man sich näher damit, kann man vielleicht eine Teilbehauptung an einigen bekannten Spezialfällen überprüfen und langsam Vertrauen zu den Aussagen fassen. Vertieft man sich weiter, findet man möglicherweise eine Herleitung in der entsprechenden mathematischen Literatur, oder man kann, wenn man sich schon gut eingearbeitet hat, eigenständig versuchen das Resultat zu beweisen oder sogar noch zu erweitern.

Ernst Bindel schreibt zu einer vergleichbaren Situation [6, S. 21]:

„Eine solche in das Übersinnliche hineinragende Wahrheit lässt sich freilich nicht im gewöhnlichen Sinne beweisen. Man kann hier nichts anderes tun als um die Wahrheit sozusagen herumgehen, damit möglichst viele Teilansichten von ihr zustande kommen, wobei eine die andere trägt, bestätigt, ergänzt, abrundet, bis man zuletzt die ganze Wahrheit im geistigen Blickfeld hat.“

An dieser Stelle will ich nicht versuchen, die genannten drei Welten oder die drei Anteile des Menschen näher zu charakterisieren und verweise auf die Literatur von Heinz Grill. Die genannte Wirkung einer Dreiecksform auf den Betrachter erscheint mir plausibel, denn ganz allgemein nehmen wir über die Sinne die verschiedensten Eindrücke in uns hinein und diese wirken oft stärker als wir meinen. Beim Sehen kennt man das Phänomen eines Nachbilds in der Komplementärfarbe. Betrachtet man beispielsweise für einige Sekunden ein kreisförmiges oder dreieckiges Stück rotes Papier vor einem weißen Hintergrund und nimmt dann das rote Papier weg, so wird auf dem weißen Hintergrund für kurze Zeit ein grüner Fleck in der gleichen Form erscheinen. Auch habe ich öfter erlebt, dass mir Melodien, die ich von Straßenmusikern gehört habe, zu Hause noch im Ohr sind.

Stärker und klarer wird diese Wirkung durch eine bewusst getätigte Wahrnehmung und eine eigenständige Auseinandersetzung mit einer entsprechenden Form. Bei einer absichtlichen, bewussten, reflektierten Betrachtung ergreift der Mensch aus eigenem Entschluss heraus die Führung, statt sich passiv von den äußeren Eindrücken überwältigen zu lassen. Dieser Willenseinsatz ist eine Grundlage für eigenständiges Handeln im Leben.

Vermutlich leichter zugänglich als die tiefe geistige Deutung des Dreiecks ist ein seelisches Erleben der Form, wie es bei Heinz Grill [12, S. 9] geschildert wird:

„Erlebensgemäß schauen wir auf das Dreieck und finden eine einfache, elementare Form des Verbundenseins. Wir dürfen deshalb auch das Dreieck als eine elementare, einfache Form des Geeintseins, des In-Sich-Zusammengehörig-Seins ... sehen.“

Inwieweit wird so ein Erleben durch die Geometrie des Dreiecks unterstützt? Kommen wir dazu zu einer mehr äußerlichen Untersuchung der Dreiecke mit einfachen geometrischen Mitteln.

Das Dreieck mit der größten Regelmäßigkeit ist das gleichseitige Dreieck, in dem alle Seiten gleich lang und alle Winkel gleich groß sind, nämlich 60°. Hermann von Baravalle [3, S. 7f] geht davon aus, dass sich in der regelmäßigen Form das Wesen am deutlichsten ausdrückt. Beim gleichseitigen Dreieck steht jede Ecke zu den anderen Eckpunkten in der gleichen Beziehung, denn die beiden anderen Ecken sind als Nachbarn mit einer Seite verbunden und sie sind gleich weit entfernt (was beim Quadrat nicht der Fall ist, die diagonale Ecke ist zunächst nicht verbunden und weiter entfernt).

Baravalle [3, S. 7] nennt: *„Beweglichkeit bei größtmöglicher Durchsichtigkeit"* als zentrale Merkmale der Dreiecke. Dreiecke sind in der Tat diejenigen geradlinig begrenzten Flächen, die mit der kleinstmöglichen Anzahl von Ecken und Seiten auskommen. Sie sind daher noch vergleichsweise einfache, gut durchschaubare Objekte. Jedes Viereck lässt sich durch eine Diagonale in zwei Dreiecke unterteilen, jedes Fünfeck in drei Dreiecke usw. Die Dreiecke sind wie Bausteine, aus denen sich die anderen Vielecke zusammensetzen.

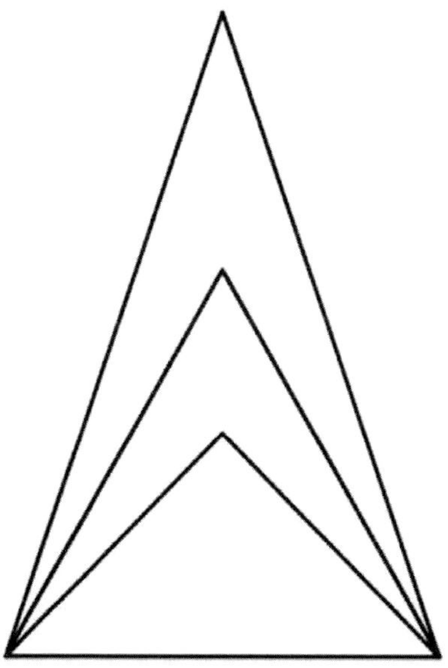

Für mich besonders ästhetische Dreiecke sind die gleichschenkligen Dreiecke, die symmetrisch zu einer senkrechten Achse liegen. Sie entstehen aus dem gleichseitigen, indem die Spitze nach oben oder unten verschoben wird. Ein Dreieck mit waagrechter Basis und Spitze nach oben drückt für mich eine Bewegungsrichtung nach oben aus. Nichts lastet. Ich empfinde diese Dreiecksformen als weit dynamischer im Vergleich zu Rechteckformen, die mit ihren parallelen Seiten speziell in der Waagrechten und Senkrechten eher statisch wirken. Die dynamische Wirkung der Dreiecke hängt wohl mit den schrägen Linien zusammen. Auch die relativ spitzen Winkel tragen dazu bei. Bei Dreiecken sind es im Durchschnitt 60°, bei Rechtecken jeweils genau 90°, beim regelmäßigen Fünfeck 108°. Je größer die Winkel werden, desto weniger ragen die Ecken heraus und desto flächiger öffnet sich der Innenraum und erscheint wie schon ein wenig abgerundet. Vielleicht entsprechen die spitzen Winkel mehr der Bewegungsfreude und dem Mut der Jugendzeit, die stumpfen Winkel mehr einer Gelassenheit des Alters. Heinz Grill sagt: *„Die Drei zeigt eigentlich immer etwas Leichteres, etwas Gehobeneres an."* [12, S. 10].

Merkwürdigerweise entspricht der gedanklich vorstellbaren Beweglichkeit bei den Dreiecken in der physischen Welt eine außerordentliche Stabilität, was man beispielsweise von Fachwerkhäusern her kennt. Wer schon einmal ein Regal aufgestellt hat, weiß, wie wichtig diagonale Verstrebungen sind. Anders das Quadrat oder Rechteck, das einen recht festen optischen Eindruck erweckt, sich aber bei gleichbleibenden Seitenlängen zum Parallelogramm verschieben kann.

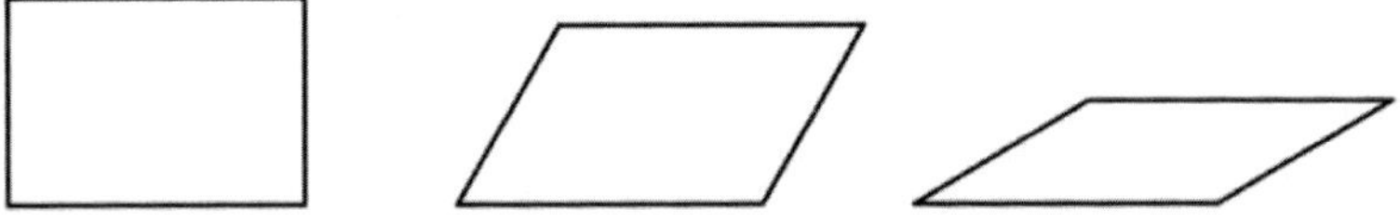

Ein ähnliches Phänomen ist, dass ein Dreifuß nie wackelt, Stühle mit vier Beinen jedoch wackeln können. Hier zeigt sich die Verbindung der Drei zur Eins. Durch drei Punkte im Raum (die nicht auf einer Geraden liegen) ist genau eine Ebene festgelegt. Umgekehrt ist durch drei Ebenen im Raum (nicht parallel, nicht alle durch eine gemeinsame Gerade) ein gemeinsamer Schnittpunkt bestimmt, was man typischerweise an einer Zimmerecke sehen kann, wobei zwei Wände und die Decke die drei Ebenen bilden.

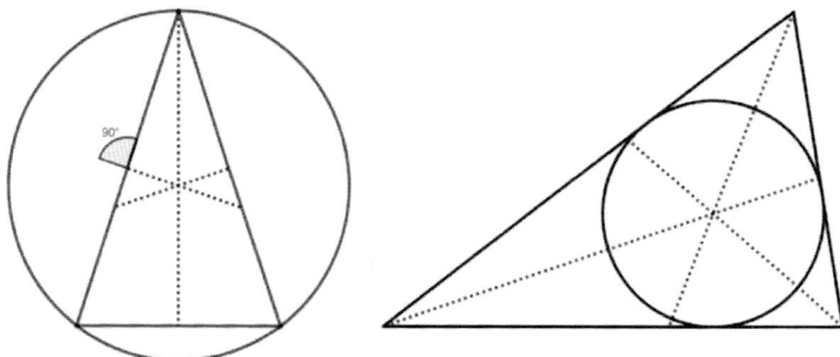

Dreiecke stehen durch ihren Umkreis, der durch die drei Ecken geht und das Dreieck perfekt umschließt, in einer besonderen Beziehung zum Kreis. Ein weiterer Kreis ist der Inkreis, der die drei Seiten von innen nur berührt. Beides sieht elegant aus. Die Mittelpunkte sind dabei in der Regel verschieden, bei gleichseitigen Dreiecken sind sie gleich, Umkreis und Inkreis sind konzentrisch.

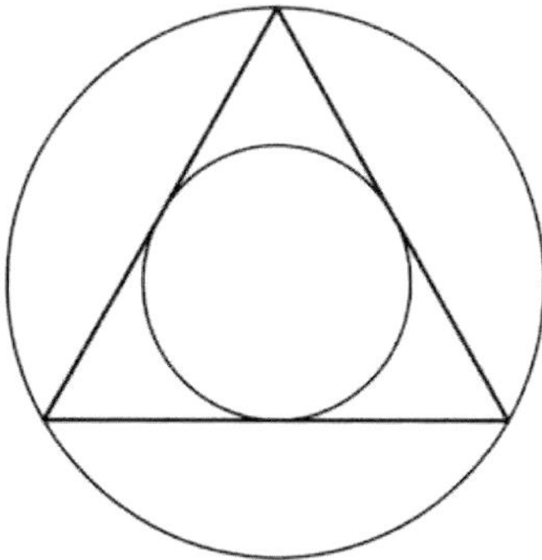

In einem Dreieck bestehen also vielfältige Verbindungen:

- Alle Ecken sind untereinander durch Seiten verbunden, sowie durch einen Kreis außen herum.
- Alle Seiten sind benachbart und durch einen berührenden Kreis innen in Kontakt.
- Die drei Winkel hängen zusammen, ihre Summe ergibt zusammen 180°, d. h. wenn einer sich verändert, muss sich ein anderer ebenfalls verändern.
- Auch Winkel und Seiten hängen zusammen, d. h. wenn sich ein Winkel vergrößert oder verkleinert, so zieht das entsprechende Veränderungen z. B. der gegenüberliegenden Seite nach sich. Dem größten Winkel liegt die längste Seite gegenüber, dem kleinsten die kürzeste.

Vielleicht erinnern Sie sich noch aus Ihrer Schulzeit an folgende Beziehungen zwischen Seiten und Winkeln:

$a / \sin(\alpha) = b / \sin(\beta) = c / \sin(\gamma)$ Sinussatz.

$c^2 = a^2 + b^2 - 2ab \cdot \cos(\gamma)$ Kosinussatz.

Diese Zusammenhänge können als ein äußeres Gegenbild zum seelischen Erleben des Verbundenseins, wie es bei Heinz Grill geschildert wird, angesehen werden.

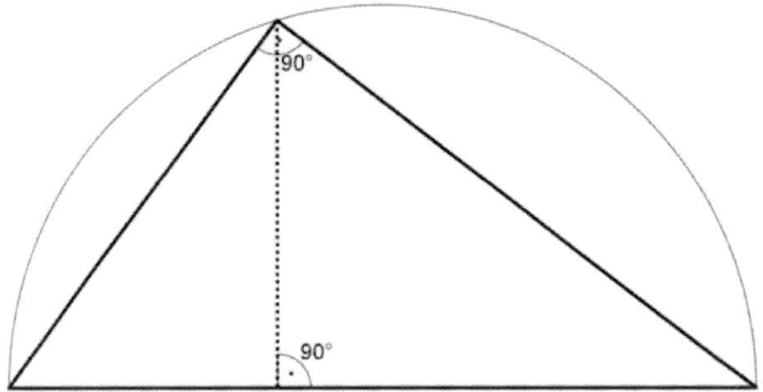

Rechtwinklige Dreiecke sind besonders eng mit dem Kreis verwandt. Nach dem Satz von Thales entsteht genau dann ein rechtwinkliges Dreieck, wenn die dritte Ecke auf dem Halbkreis liegt, der als Durchmesser die Verbindungsstrecke der ersten beiden Ecken hat. Man könnte auch sagen, dass von jedem Punkt auf dem Halbkreis der Durchmesser unter 90° gesehen wird. Liegt die Ecke innerhalb des Halbkreises, so wird dort der Winkel größer als 90°, außerhalb dagegen kleiner als 90°.

Diese Dreiecke haben eine besondere Eigenschaft. Die Höhe von der dritten Ecke aus teilt das Dreieck in zwei rechtwinklige Teildreiecke, wobei das Ausgangsdreieck und die beiden Teildreiecke von gleicher Form sind. Sie haben die gleichen Winkel und unterscheiden sich nur in der Größe.

Diese Eigenschaft führt zu dem wohl bekanntesten Lehrsatz der Geometrie, dem Satz des Pythagoras für rechtwinklige Dreiecke: das ist ein Sonderfall des Kosinussatzes für $\gamma = 90°$. Er besagt, dass das Quadrat der Hypotenuse (das ist die längste Seite im rechtwinkligen Dreieck, sie liegt dem rechten Winkel gegenüber) genauso groß ist wie die Quadrate der beiden Katheten (das sind die anderen beiden Seiten im rechtwinkligen Dreieck, die kürzer sind) zusammen, kurz: $a^2 + b^2 = c^2$.

Umgeformt zu $c = \sqrt{a^2 + b^2}$ dient er der Längenberechnung. Teilt man das Quadrat unter c wie im Bild, so ist das linke Rechteck gleich groß wie a^2 und das rechte wie b^2.

Eine einfache Folgerung besagt, dass in einem Quadrat der Seitenlänge 1 die Diagonale d die Länge $\sqrt{2}$ hat, denn $1^2 + 1^2 = d^2$. Damit stand die altgriechische Mathematik vor einer großen Schwierigkeit. Denn ein einfacher Beweis zeigte, dass $\sqrt{2}$ kein Bruch, also kein Verhältnis von zwei ganzen Zahlen sein kann. Somit war $\sqrt{2}$ keine Zahl wie die anderen damals bekannten Zahlen. Sie entzog sich den vertrauten Zahlvorstellungen. Andererseits existiert die Diagonale im Quadrat offensichtlich und damit auch ihre Länge.

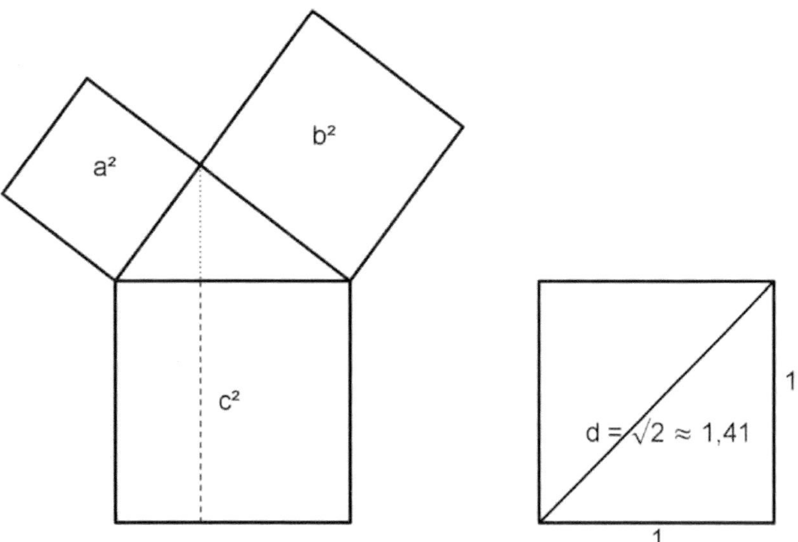

Das Verbundensein ist jedoch nicht das einzige Gefühl, das in der Beschäftigung mit dem Dreieck auftreten kann. Die Dreieckform ist ein einfaches und doch reichhaltiges Bild, mit dem auch andere Empfindungen und Gedanken in naher Verbindung stehen. So schreibt Heinz Grill [14, S. 262]:

> *„Gleichzeitig wird aber auch der Betrachter, der seine Wahrnehmung kontemplativ am Dreieck belässt, mit dem feinen Empfinden konfrontiert, dass dieses Dreieck eine besondere Neigung zu einer Offenheit und einem schon fast entgegenstrahlenden Bedürfnis nach weiterer Ausdehnung besitzt.“*

Und wenige Seiten weiter [14, S. 267]:

> *„Das Urbild des Dreiecks ist im Geist die kosmische Weite, die immerwährende Ausdehnung in wohlgeordneter Harmonie und Einheit.“*

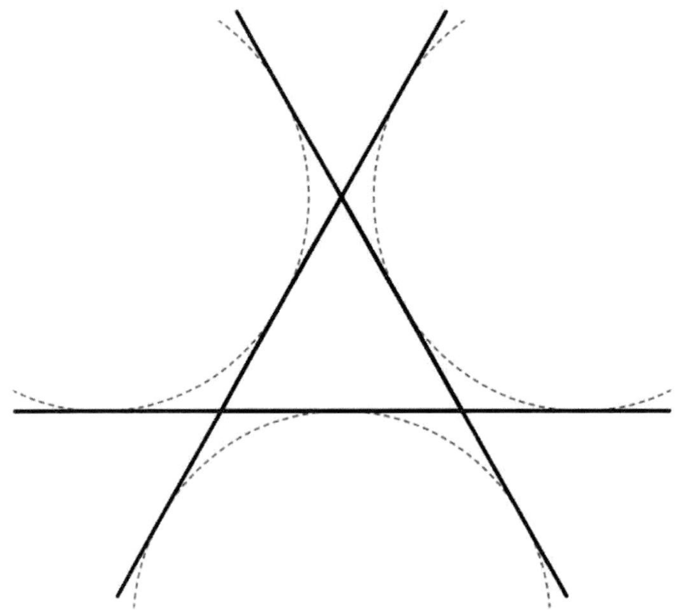

Nimmt man die Weite als bereichernde Erweiterung der Figur, so bieten sich einige Möglichkeiten an. Eine naheliegende geometrische Ergänzung des Dreiecks besteht in einer Verlängerung der Dreieckseiten. Das Dreieck wird dadurch aus seiner Begrenztheit heraus in einen Bezug zur ganzen Ebene gebracht. Die drei verlängerten Dreieckseiten gliedern den Außenraum in sechs verschiedene Gebiete, die sich bis ins Unendliche erstrecken. Insgesamt ist die Ebene in sieben Bereiche aufgeteilt. Drei Kreise berühren von außen.

Eine einfache Gliederung des Inneren entsteht, wenn die Seitenmitten verbunden werden. Damit ist die Vier, die in der Reihe der Zahlen als nächster Entwicklungsschritt auf die Drei folgt, bereits im Dreieck mit enthalten.

Wenn wir die beiden Aussagen, erstens, dass die Dreiecksform mit dem Menschen in Beziehung steht und zweitens, dass eine tiefe Bedeutung des Dreiecks die Ausdehnung ist, zusammenfügen, so lässt sich schlussfolgern, dass auch im Menschen ein innerer Anteil besteht, der sich ausdehnen und wachsen möchte. Meine Vorstellung eines vorteilhaft entwickelten Menschen beinhaltet ein vielseitiges Interesse und Anteilnahme an seiner näheren und weiteren Umgebung bis hin zum Weltgeschehen. Der sich entwickelnde Mensch führt sein inneres, seelisches Leben, das wesentlich durch die drei Kräfte des Denkens, Fühlens und Wollens gekennzeichnet ist, in einen weiteren, größeren Zusammenhang, statt in einer selbstbezogenen Enge zu verharren. Geometrisch gesehen ist das Dreieck das erste in der Reihe der Vielecke mit einem gegliederten Innen- und Außenraum.

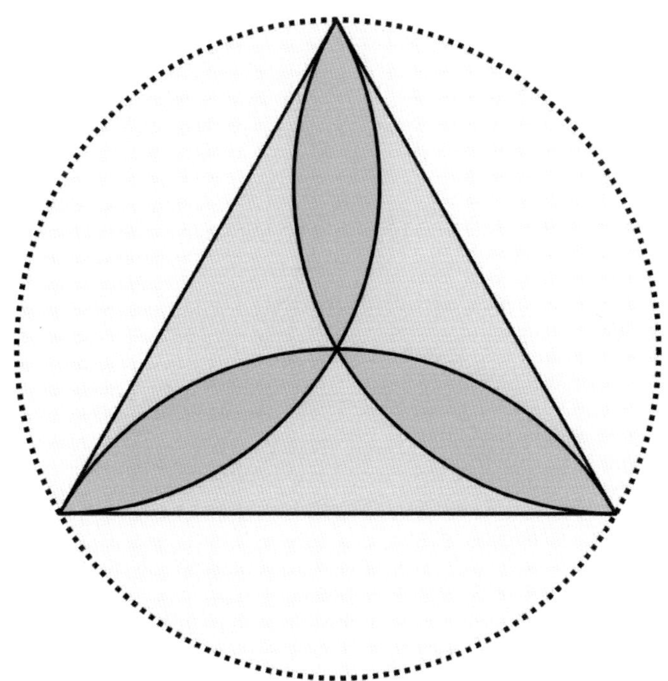

Erweiterung innen und außen nach Heinz Grill

Weite und Ausdehnung zeigen sich nicht einfach äußerlich, indem wir ein Dreieck recht groß zeichnen. Das wäre zu äußerlich gedacht. Nach Heinz Grill [14, S. 56f] existieren diese urbildlichen Eigenschaften in einer geistigen Ebene und finden erst über die Zwischenstufe einer fortwährenden Bewegung ihren sichtbaren Ausdruck in der bekannten Dreiecksform. Um zur geistigen Bedeutung der Dreiecksform zu gelangen, bedarf es der Hinwendung an die geistige Ebene. Das liegt in der Natur der Sache. Am einfachsten erfolgt es durch wiederholtes, konzentriertes, vertieftes Durchdenken und Durchfühlen der Aussagen von Geistforschern. Ein gutes Zeichen ist es, wenn bei der eigenen Suche nach den geistigen Wahrheiten eine Nähe zur Sache, sowie eine feine, stimmige, freudige, zu weiteren Forschungen anregende Empfindung erlebt wird, die auch die Verbindung zur Umgebung fördert.

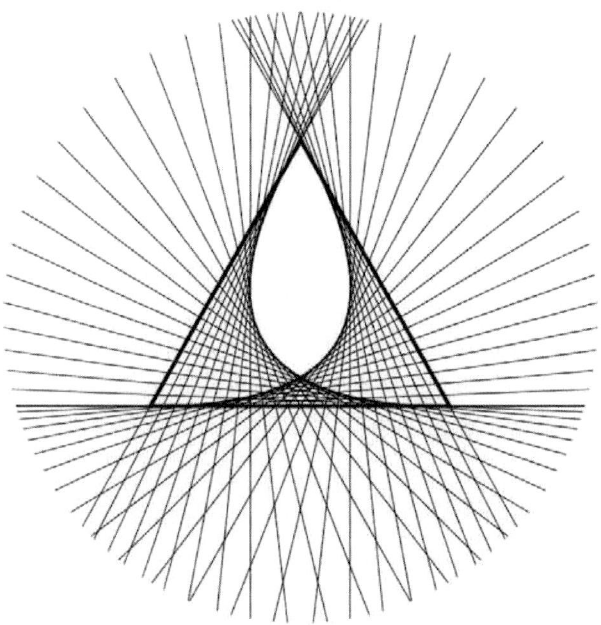

Flammen- oder Blattform aus Parabelbögen

Im Viereck entwickelt sich
ein deutliches Bewusstsein
für die Materie.

Heinz Grill [12, S. 25]

4

Während die Drei mehr einer idealen Sphäre zugehört, verweist die Vier auf die äußere, materielle Welt. Das zeigt sich in den vier Himmelsrichtungen oder den vier Jahreszeiten. Vier gleiche Teile entstehen durch zweimalige Halbierung. Beispielsweise kann die volle Tagesperiode in den hellen Tag und die Nacht mit ihrer Finsternis aufgeteilt werden. Die Morgen- und die Abenddämmerung markieren jeweils den Übergang. Der Tag kann noch einmal durch den Mittag mit dem Sonnenhöchststand in den Vor- und Nachmittag halbiert werden, die Nacht durch die Mitternacht. Dadurch werden gleichzeitig die vier Himmelsrichtungen Osten, Süden, Westen und Norden festgelegt.

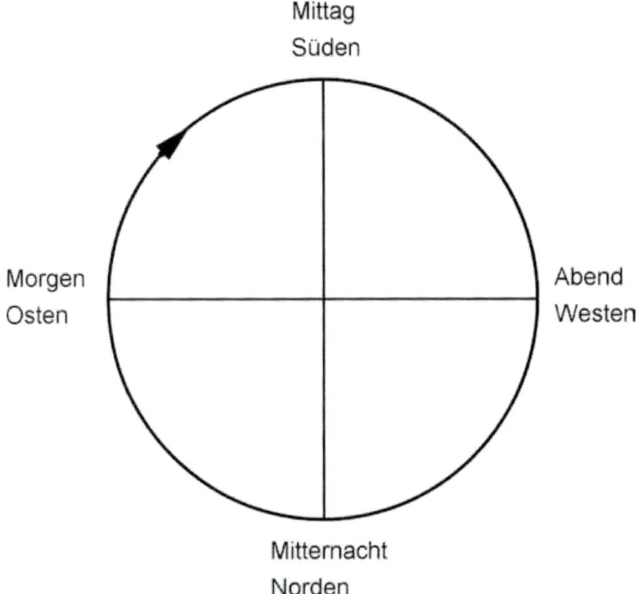

So wie die alten Griechen in der Außenwelt die vier Elemente Feuer, Luft, Wasser und Erde sahen, kann auch der Mensch cholerisch, sanguinisch, phlegmatisch oder melancholisch sein. Ernst Bindel beschreibt, wie die Vier im Periodensystem der chemischen Elemente zu finden ist [5, S. 324ff], das nach der modernen Wissenschaft den Bauplan der Materie aufzeigt. Rudolf Steiner [28, S. 176f] nennt die Vier *„die Zahl der Schöpfung"*. Er fährt fort: *„Alles, was in der Schöpfung sichtbar hervortritt, steht im Zeichen der Vier."*

Die moderne Physik kennt vier Grundkräfte (Schwerkraft, Elektromagnetismus, schwache und starke Wechselwirkung). In der Chemie steht das Element Kohlenstoff, das sehr viele Verbindungen eingehen kann und die Grundlage der organischen Chemie bildet, mit der Vier in Beziehung. In der Pflanzenwelt tritt die Vierzahl besonders bei den Kreuzblütlern hervor. Diese Pflanzenfamilie enthält die Kohlarten, Senf, Radieschen... Viele Tiere haben vier Beine. In der Musik taucht die Vier z. B. beim Viervierteltakt oder den vier Stimmlagen Sopran, Alt, Tenor, Bass auf.

Nach den drei besonderen Zahlen 1, 2 und 3 am Anfang der Zahlenreihe folgt die Vier. Die Zahl 1 besitzt ohnehin eine Ausnahmeposition als erste Zahl beim Zählen. Sie ist mathematisch das neutrale Element der Multiplikation, d. h. eine Multiplikation mit 1 verändert die Zahl nicht (das neutrale Element der Addition ist die 0). Die Zahlen 2 und 3 sind Primzahlen. Primzahlen sind diejenigen natürlichen Zahlen (außer der 1, die 1 bildet einen Sonderfall), die ohne Rest nur durch 1 und sich selber teilbar sind, z. B. 2, 3, 5, 7, 11, dagegen ist 15 keine Primzahl, da $15:3 = 5$, bzw. $15 = 3 \cdot 5$.

Mit der Vier kommt eine neue Qualität ins Spiel. Die Vier ist keine Primzahl, sie ist die erste zusammengesetzte Zahl, $4 = 2 \cdot 2$. Als weitere Besonderheit gilt: $4 = 2+2 = 2 \cdot 2 = 2^2$. Die Vier als verdoppelte Zwei bietet eine ausgeglichene Gliederung in zwei Paare an. Hingegen führen Spiele zu dritt oft zu einer Situation zwei gegen einen.

Geometrisch findet sich die Vier im Viereck, insbesondere im Quadrat. Hier bilden die gegenüberliegenden, parallelen Seiten jeweils ein Paar. Wie wirkt die Form des Quadrats auf den Menschen? Zu den vielen, mehr im Praktischen liegenden Vorzügen des Quadrats treten bei näherer Betrachtung feine Empfindungen hinzu. Das Quadrat besticht durch seine Klarheit, Ausgewogenheit und Ruhe. Insbesondere die waagrechte und senkrechte Richtung führen zu einer durchschaubaren Ordnung, die Halt und Sicherheit vermittelt. Ein kariertes Papier gibt Orientierung und erleichtert das Rechnen. Das englische Adjektiv ‚square' hat zusätzlich zu seiner Grundbedeutung, quadratisch' die weitere Bedeutung von ‚ehrlich', ‚redlich', ‚fair', aber auch ‚altmodisch'. Etwas Langweiliges, Biederes, Enges ist mit dabei, was sich bis zur ‚Kleinkariertheit' steigern kann. Heinz Grill [12, S. 25f] sagt, dass beim Viereck immer ein leises Fühlen der Schwere, *„des Eingeschlossenseins, des Sich-Eingeschlossen-Fühlens in der Materie"* mitschwingt.

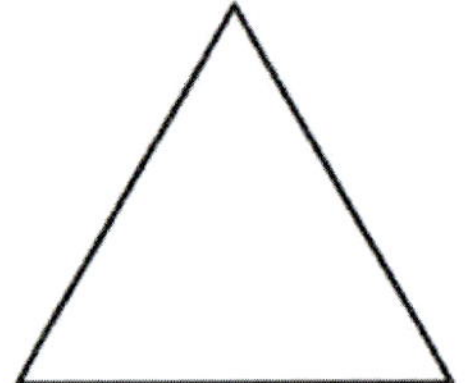 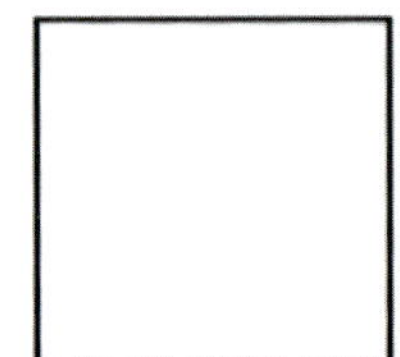 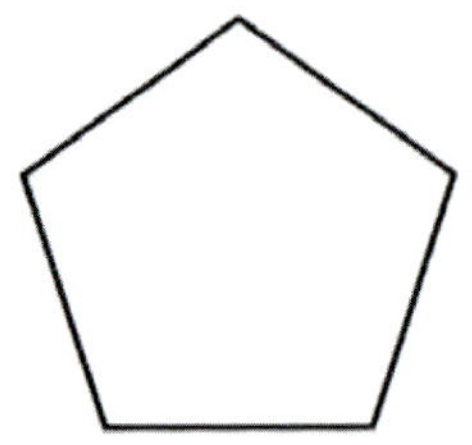

Lassen Sie die drei Formen einzeln auf sich wirken.
Verlängern Sie die Linien gedanklich oder auf einem Papier und betrachten Sie die neue Figur.
Wie könnten die Formen anders nach außen fortgesetzt werden?
Wie könnten die Formen nach innen gestaltet werden?
Welche Farben oder Begriffe passen zu den einzelnen Formen?

Als Erweiterung des Quadrats nach innen bietet sich an, die Diagonalen einzuzeichnen. Ihr Schnittpunkt bildet die Mitte des Quadrats. Nach außen können weitere Quadrate lückenlos angefügt werden. Mit vier Quadraten lässt sich ein größeres Quadrat zusammensetzen, die Figur wiederholt sich.

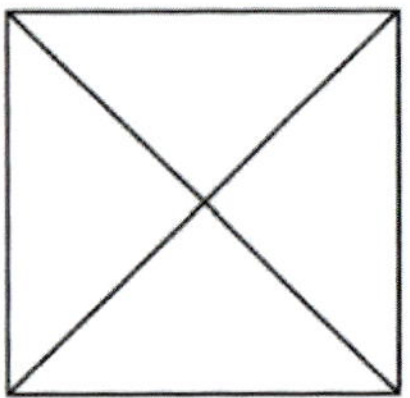

Ein Quadrat mit einer waagrechten Basis wirkt stabil, abgeschlossen, fertig. Insgesamt ist sehr wenig Dynamik in dieser Figur, was wohl an den rechten Winkeln, der exakten Parallelität der gegenüberliegenden Seitenpaare und der waagrecht-senkrechten Ausrichtung liegt.

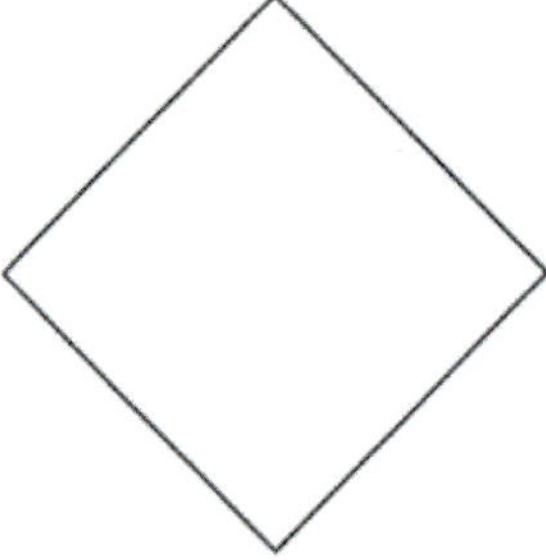

Vergleichen Sie, wie ein Quadrat wirkt, das auf der Ecke steht.

Heinz Grill [14, S. 361] weist darauf hin, dass alle materiellen Objekte eine Tendenz zu Zerfall und Auflösung der Form besitzen, was sich bildlich als ein Zurückziehen zu einem Punkt in der Mitte zeigt.

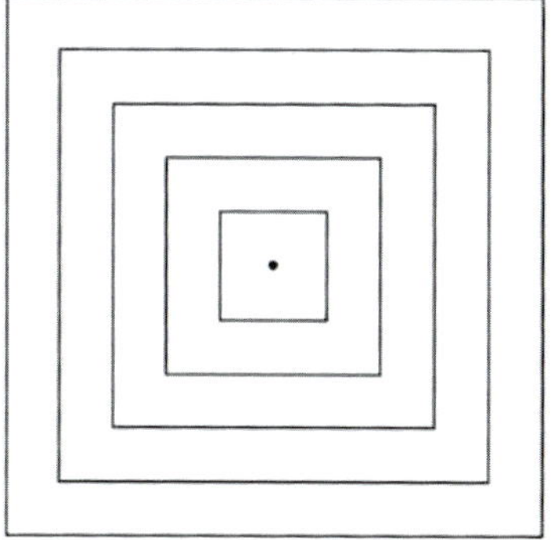

Was könnte außen mit dem Zusammenziehen innen korrespondieren?

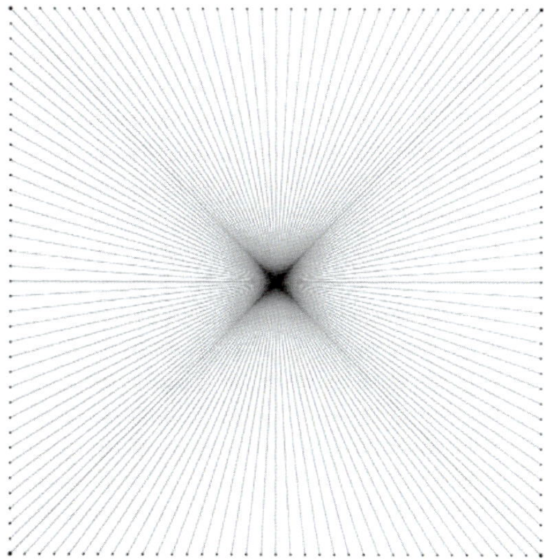

Fadenkonstruktion

Ein Kreuz im Quadrat betont die Zentrierung und kann eine bestimmte menschliche Lebenshaltung veranschaulichen [14, S. 377]:

> *„Es zeigt das tiefe Eindringen in die Materie im Sinne eines bewussten Forschens und Umgehens mit dieser an.“*

Ein weiteres gebräuchliches Bild in Zusammenhang mit der Vier ist auch das Kreuz allein, bestehend aus einem waagrechten und einem senkrechten Balken. Es enthält vier Eckpunkte, vier Richtungen (von der Mitte aus) und gliedert die Ebene in vier Bereiche. Bei beiden, Quadrat und Kreuz, tritt maßgeblich der rechte Winkel auf. Die Senkrechte und die Waagrechte stellen urtypische menschliche Erlebensformen dar. Der Mensch kann sich in dem Aufgerichteten, dem Ausgebreiteten oder Ausgespannten und dem Kreuzungspunkt in der Mitte selber erkennen. Oft wird die Horizontale, die parallel zum Erdboden verläuft, als Bild für die äußere, materielle Welt angesehen und die Vertikale, die die Richtung zwischen Himmel und Erde beschreibt, mit einer geistigen, transzendenten Region in Verbindung gebracht.

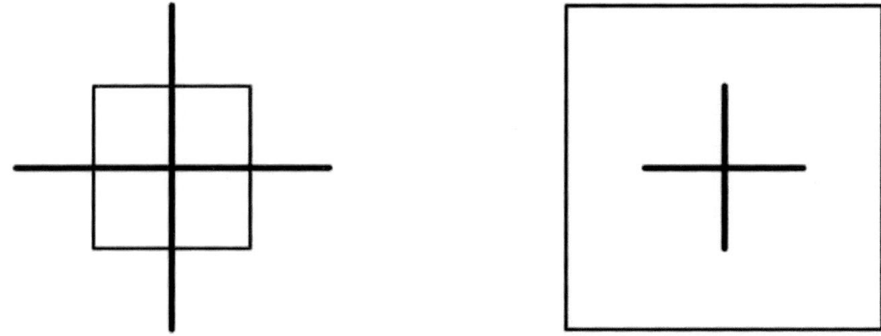

Quadrat und Kreuz

Der rechte Winkel mit seiner ordnenden Kraft

Bei der Kreuzung zweier Geraden treten vier Winkel auf, wobei die gegenüberliegenden paarweise als Scheitelwinkel gleich groß sind. Die völlig symmetrische Situation, bei der alle vier Winkel gleich groß sind, entsteht, wenn sich die beiden Geraden unter einem rechten Winkel schneiden. Die Waagrechte und die Senkrechte sind ein Musterbeispiel dafür.

In unserer räumlichen, dreidimensionalen Umgebung sehen wir rechte Winkel auf Grund der Perspektive nicht immer als rechte Winkel. Der rechte Winkel ist also in erster Linie mit dem auf die physische Welt gerichteten Tastsinn und mit dem eigenen leiblichen Erleben verbunden. Als wache, stehende, gehende oder sitzende Menschen finden wir die Senkrechte in unserem Körper vor. Wir erleben die nach unten gerichtete Schwere. Auch im Außen kennen wir die Schwere der Gegenstände und wissen aus Erfahrung, dass sie nach unten drücken, hängen oder fallen, wohingegen der Boden oder die Oberfläche von Wasser die Waagrechte anzeigen.

Wir finden rechte Winkel auch in der Natur, aber vor allem bei einer Vielzahl von Produkten aus Menschenhand. Von Bausteinen, Fliesen, Brettern angefangen über die Böden, Wände und Decken, Türen und Fenster unserer Räume, über Einrichtungsgegenstände wie Betten und Tische bis hin zu Schachteln, Papierblättern und Fotos sind wir umgeben von geschaffenen rechteckigen Formen. Diese sind in der Verwendung enorm praktisch. Sie kennen vielleicht den Werbespruch: „Quadratisch – praktisch – gut!“, der darauf aufbaut. Gleichgroße Rechtecke lassen sich lückenlos aneinanderreihen. Auch die mathematische Handhabung ist leichter als bei schrägen oder gebogenen Objekten. Der Flächeninhalt eines Quadrats oder Rechtecks ist einfacher zu berechnen als der eines Dreiecks oder einer Ellipse.

Der Mensch und die Zahl Vier

Betrachten wir nun den Menschen. Äußerlich erscheint die Vier am menschlichen Leib am deutlichsten in den vier Gliedmaßen. Die vier Finger einer Hand stehen dem Daumen gegenüber. Bei den Organen tritt die Vier am Herzen auf. Das menschliche Herz ist gekennzeichnet durch seine vier

Herzhöhlen: links und rechts jeweils ein Vorhof und eine Kammer. Auch im ganz Kleinen, wo im Zellinneren das Erbgut des Menschen gespeichert ist, zeigen sich in der DNA-Doppelhelix vier organische Basen.

Bei allen mathematischen Betrachtungen ist es mir ein Anliegen, nicht nur zu einem intellektuellen Verständnis der einzelnen Thematik zu gelangen, sondern sie darüber hinaus in ihrem größeren, bildhaften Zusammenhang zu sehen, was sogleich den Menschen mit ins Spiel bringt. Gemäß der Aussage von Rudolf Steiner [36, S. 105]: *„Begreifen können wir aber in der Welt nicht anders, als dass wir das eine auf das andere beziehen“* soll die Vier als Zahl und in ihren geometrischen Erscheinungen in Bezug zum Menschen untersucht werden. Dabei zeigen sich zwei Hauptrichtungen. Einerseits kann die Vier als die Zahl der materiellen Welt, der wir Menschen mit unserem Leib angehören, gesehen werden. Andererseits gibt es auch Hinweise auf eine Verknüpfung des ganzen Menschen insbesondere des Herzens und des Ichs mit der Vier. Nach Rudolf Steiner [24, S. 58] besitzt der heutige Mensch vier Wesensglieder, den physischer Leib, den Ätherleib (vereinfacht: die Lebenskräfte), den Astralleib (vereinfacht: das Bewusstsein und unbewusste Antriebskräfte) und das Ich (das den Menschen über das Tier hinaushebt), die in einer Parallelität zu den vier Naturreichen der mineralischen, pflanzlichen, tierischen und menschlichen Welt stehen. Der physische Leib als materieller Anteil kann mit einem Punkt als Bild für die Eins in Verbindung gebracht werden, der Ätherleib mit der Zweiheit des bewegten Strömens zwischen zwei Polen oder zwischen Zentrum und Peripherie [14, S. 104], der Astralleib mit der Dreiheit von Denken, Fühlen und Wollen. Als viertes folgt das Ich.

Bei den Pythagoräern wurde die Tetraktys (= Vierheit oder Vierfaltigkeit) besonders verehrt. Bildlich wird sie als Dreieck von zehn Punkten in vier Reihen dargestellt. Die Vier enthält auch ihre Vorgänger, die Drei, die Zwei und die Eins, was zusammen die Zehn ergibt, die Grundlage unseres Dezimalsystems. Ähnlich ergeben erst die vier Wesensglieder zusammen den ganzen Menschen. Nach Bindel [5, S. 283] durchdringen die höheren Wesensglieder die niederen und *„die Beziehung 1+2+3+4 = 10 wird zu einer Formel für den Menschen selber.“*

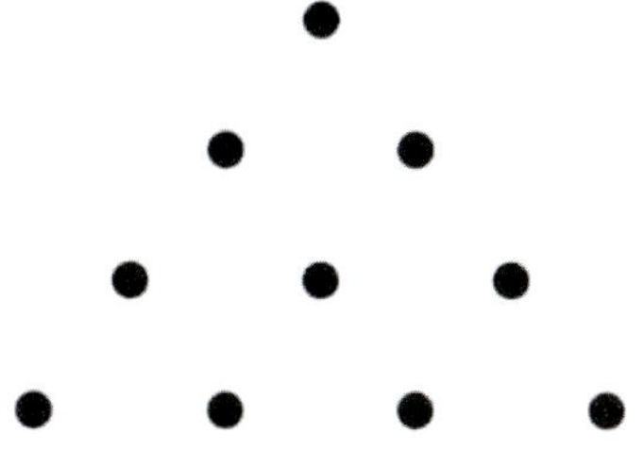

Tetraktys (tetra griechisch vier)

Ordnet man andererseits zur Eins den Punkt zu, zur Zwei die Linie durch zwei Punkte, zur Drei die Fläche (Dreieck) und zur Vier den Körper (den Tetraeder mit vier Ecken), so stellt die Tetraktys die Dimensionalität unseres Raumes dar. Die Figur der Tetraktys enthält ebenfalls die wichtigen harmonischen Intervalle der Musik: die Oktave, die bei einem Verhältnis der klingenden Saitenlängen von 1:2 entsteht, die Quinte mit 2:3 und die Quarte mit 3:4.

Ernst Bindel [6, S. 21ff] bringt die vier Grundrechenarten +, -, ·, : mit den vier menschlichen Wesensgliedern in Verbindung. Dabei ordnet er das Teilen, das als letzte der vier Grundrechenarten in der Geschichte der Menschheit gelernt wurde, dem Ich zu. Das Ich arbeitet an den anderen menschlichen Wesensgliedern.

Bindel schreibt zur Teilung, dass sie bei der schriftlichen Durchführung die anderen Rechenarten mit verwendet und führt das Vorgehen bei der schriftlichen Teilung an:
15 - 13 = 2 und 2 · 13 = 26,
Ergebnis 10 + 2 = 12.

```
 156 : 13 = 12
- 13
   26
  -26
    0
```

Bindel weist darauf hin, dass die Teilung zum Begriff der unteilbaren Zahlen, der Primzahlen führt. Ebenso ist der Mensch ein Individuum, was wörtlich heißt: unteilbar.

Für Interessierte:
Können Sie eine Verbindung der anderen drei Grundrechenarten +, -, · mit den anderen drei Wesensgliedern herstellen?

Das Teilverhältnis und die harmonische Lage von vier Punkten

Kommen wir nun zu einer mathematischen Konstruktion, bei der zwei Punktepaare, also vier Punkte, in besonderer Weise zueinander liegen. In der Geometrie gibt es den Begriff des Teilverhältnisses. Eine Strecke wird durch einen Punkt in einem bestimmten Verhältnis in zwei Teilstrecken geteilt. Im Beispiel (mit A = -1 und B = 1) führt die Hilfslinie von A aus dreimal so weit nach oben wie von B aus nach unten. Folglich teilt C = 0,5 die Strecke AB im Verhältnis 3:1, da AC = 1,5 und BC = 0,5, also AC : BC = 1,5 : 0,5 = 3:1. Hier liegt C zwischen A und B, deshalb spricht man von innerer Teilung.

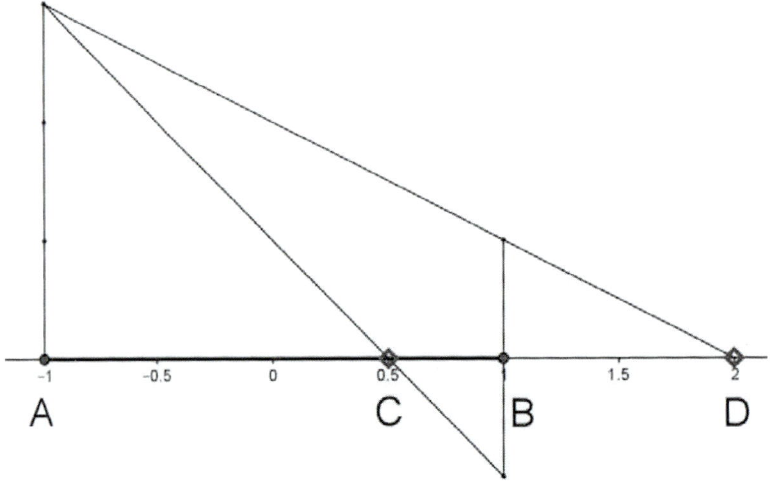

Führt die Hilfslinie von B aus nach oben, so liegt der Teilpunkt D nicht zwischen A und B und man spricht von äußerer Teilung. D = 2 teilt die Strecke AB ebenfalls im Verhältnis 3:1, denn AD = 3, BD = 1, also AD : BD = 3:1.

Wenn, wie im obigen Beispiel, für vier Punkte gilt: AC : BC = AD : BD, also das innere und das äußere Teilverhältnis gleich sind, so sagt man, die vier Punkte A, B, C, D, d. h. das Paar A, B, das die Strecke begrenzt, und das Paar C, D der Teilpunkte liegen in harmonischer Lage. Übrigens teilt B die Strecke CD im Verhältnis 1:2 innen, A ebenfalls im Verhältnis 1:2 außen, also liegt wieder die harmonische Lage vor.

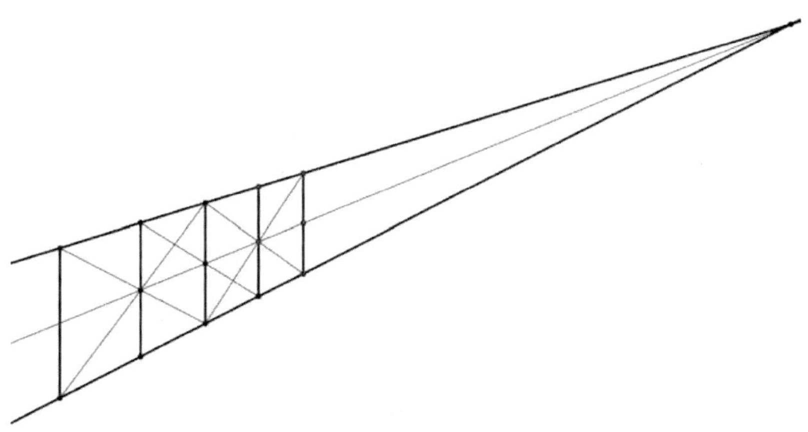

Die harmonische Lage von Punkten begegnet uns im Alltag ständig, ohne dass wir uns dessen bewusst sind. Wir sehen Gegenstände perspektivisch, aber übersetzen das Bild sofort in die realen Formen, Größen und Abstände. Betrachtet man gleich hohe Bäume (oder Fenster an einer Fassade), die in gleichen Abständen an einer geraden Straße stehen, so erscheinen die Abstände und die Höhen im Bild nicht gleich. Zwei Punkte, ihr perspektivischer Mittelpunkt und der Horizontpunkt sind in harmonischer Lage.

Zu einem dritten Punkt, der die Strecke AB in einem bestimmten Verhältnis innen teilt, gibt es also einen vierten, der AB im gleichen Verhältnis außen teilt und umgekehrt. Dieser vierte Punkt ist unsichtbar schon da, wenn die anderen drei Punkte vorgegeben sind. Durch eine entsprechende geometrische Konstruktion wird der vierte Punkt dann sichtbar gemacht. Die noch unvollständige Beziehung von drei Punkten findet mit ihrer Ergänzung zur Vierheit ihren ausgewogenen Abschluss.

Diese einander entsprechende Gliederung des Innen- und Außenraums wird von den Mathematikern harmonisch genannt. Alexander Stolzenburg [39, S. 53] schreibt zur Bedeutung von harmonisch: *„Wenn die inneren und die äußeren Verhältnisse im Einklang sind.“* Welches Wesensglied des Menschen, wenn nicht das Ich, könnte den harmonischen Ausgleich zwischen innen und außen leisten?

Nach der Yogalehre liegt beim Herzen das vierte und somit mittlere von insgesamt sieben Energiezentren. *„In diesem Zentrum entwickelt sich ein erstes Ich-Selbst ...“* sagt Heinz Grill [17, S. 69]. Die so bedeutsame und in

Worten schwer fassbare Realität des Ichs lässt sich jedoch sicher nicht durch den Begriff der Vierheit ausschöpfen. Der scheinbare Widerspruch, dass die Vier einerseits die Zahl der Materie ist und andererseits mit dem Ich des Menschen verbunden ist, könnte ein Hinweis zum Verständnis des Ich-Selbst sein. Erst in der Eingebundenheit des Ich an den physischen Leib mit der deutlichen Erfahrung der Trennung von Ich und Nicht-Ich entfaltet sich das Ich-Selbst zu seinem vollen Potential, das einen günstigen Ausgleich zwischen innen und außen herbeiführt. Übrigens werden im Yoga die Balancestellungen, die ständige Wachsamkeit und Ausgleich erfordern, mit dem Herzzentrum, dem vierten und mittleren der sieben Energiezentren, in Verbindung gebracht.

Kreuz im Quadrat

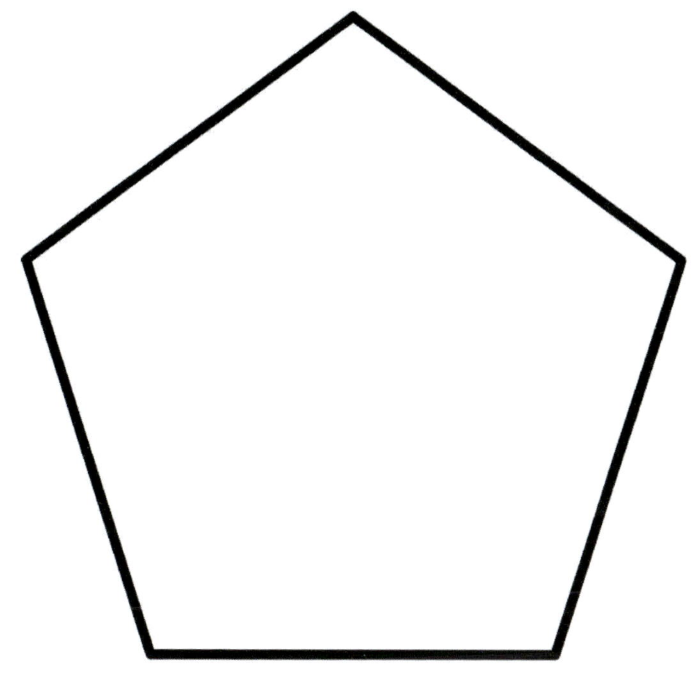

Das Fünfeck schenkt Bewegtheit,
eine Öffnung in die Zukunft, es ist das Symbol
des blütenhaften Menschseins
und nicht nur des irdischen
Eingebunden-Seins.
Im Fünfeck erlebt der Einzelne ein
inneres Gefühl des Angehoben-Seins seiner
Gedanken für eine Zukunftsvision.

Heinz Grill

5

Betrachten Sie das Fünfeck für einige Zeit. Schließen Sie dann die Augen und bauen Sie die Form des Fünfecks eigenständig in der erinnernden Vorstellung auf.
Stellen Sie sich die fünf Linien vom Mittelpunkt zu den Ecken vor. Vergleichen Sie das Fünfeck mit einem Dreieck, Quadrat oder Sechseck. Welche Empfindungen stellen sich zum Fünfeck ein?
Welche Farbe würden Sie für das Fünfeck wählen?

Lassen Sie den Fünfstern eine Weile ruhig und konzentriert auf sich wirken.
Wie fühlt es sich in Ihrem Inneren an?
Vergleichen Sie den Fünfstern mit dem Fünfeck.
Welche Farbe erscheint Ihnen für den Fünfstern geeignet?
Wie könnte die Figur erweitert werden?

Die Zahl Fünf (griechisch pente, lateinisch quinque, sanskrit pañca) steht in der Reihe der natürlichen Zahlen zwischen der Vier und der Sechs und ist eine ungerade Zahl.

Die einfachste bildliche Darstellung der Zahl Fünf besteht aus fünf Punkten oder fünf Strichen. Zur besseren Übersicht wird bei einer Strichliste oft der fünfte Strich schräg durch die anderen gezogen.

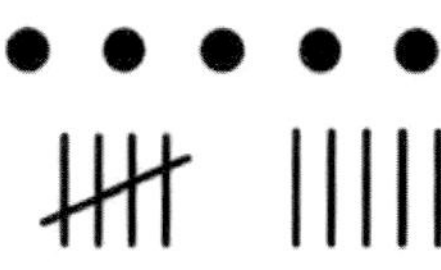

Für fünf Punkte bietet sich die Darstellung wie auf einem Würfel (genannt Quincunx) an. Es gibt wohl keine Möglichkeit, fünf Punkte einfacher und übersichtlicher anzuordnen. Dieses Bild stammt von der Vier her und hat eine vierzählige Drehsymmetrie und Achsensymmetrie zu vier Symmetrieachsen, einer horizontalen, einer vertikalen und zwei diagonalen, von denen je zwei aufeinander senkrecht stehen. Es ist also noch deutlich mit der Vier verbunden.

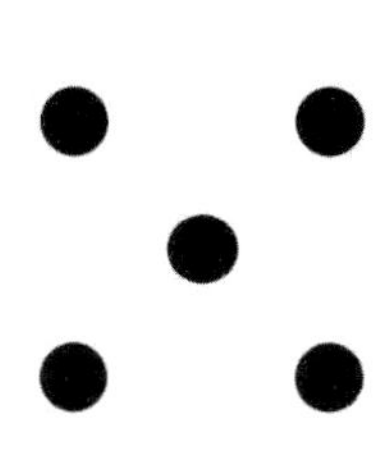

Diese Darstellung entsteht ganz natürlich aus dem Quadrat durch die beiden Diagonalen, die sich im Mittelpunkt kreuzen. Noch sind die fünf Punkte in der gleichen Ebene, aber der fünfte, der Mittelpunkt, unterscheidet sich von den vier anderen, die gleichartig sind und durch Drehung oder Spiegelung ihre Plätze tauschen könnten. Der Mittelpunkt hat eine besondere Position und ist damit von einer neuen Qualität. Als Addition lässt sich schreiben: 5 = 4+1.

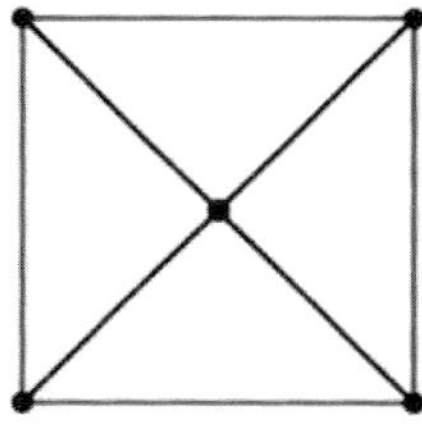

Deutlicher wird die Sonderrolle des Mittelpunkts, wenn die Figur dreidimensional als eine quadratische Pyramide genau von oben gesehen wird. Der Mittelpunkt des Quadrats entspricht dann der Pyramidenspitze, die aus der Ebene des Erdbodens herausgehoben ist.

Eine quadratische Pyramide verbindet auf besondere Weise die Zahlen Drei, Vier und Fünf. Die Vier zeigt sich in der quadratischen Grundfläche mit ihren vier Ecken und vier Kanten sowie den vier Seitenflächen. Die Drei wird in jeder dreieckigen Seitenfläche mit drei Ecken und drei Kanten sichtbar.

Die Fünf stellt die Gesamtzahl der Flächen und der Ecken dar. Dabei tritt die fünfte Ecke aus der Grundebene heraus und steht den bisherigen vier Quadratecken gegenüber, ähnlich wie der Daumen den anderen vier Fingern gegenübersteht. Die fünfte Ecke und der Daumen nehmen mit ihrem Heraustreten oder Gegenübertreten eine neuartige Position ein. Die Fünf bringt Neues. Nebenbei deutet das Gegenüberstehen auf einen Zusammenhang der Fünf mit der Zwei.

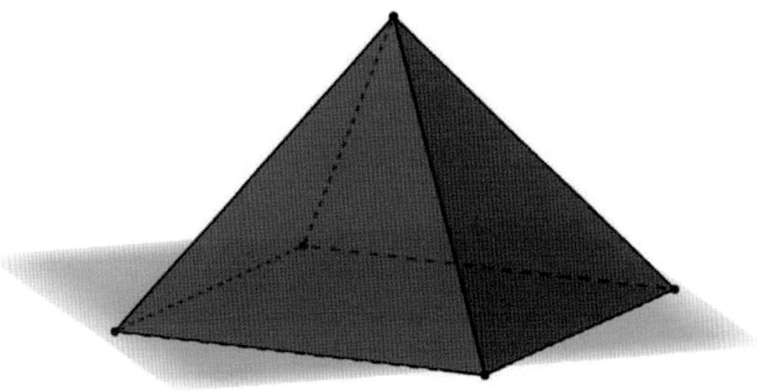

Die anderen typischen Bilder der Zahl Fünf sind der Fünfstern (= Pentagramm) und das Fünfeck (= Pentagon). Das US-Verteidigungsministerium wird Pentagon genannt nach der Form des Gebäudes, in dem es untergebracht ist. Diese beiden Formen erscheinen nicht mehr mit der Vier verbunden.

Das Fünfeck ist das erste in der Reihe der Vielecke, das eine Sternfigur erlaubt. Sterne drücken etwas Strahlendes aus. Betrachtet man Sterne bei Nacht, so wird sich eine eher freudige, ehrfurchtsvolle Stimmung einstellen.

Hauptsächlich sollen die regelmäßigen, symmetrischen Formen betrachtet werden. Sie erscheinen als besonders einfache, eindrückliche ‚Urbilder'. In ihnen spricht sich das Charakteristische klarer aus verglichen mit mathematisch zwar allgemeineren, jedoch auch beliebigeren Formen. Zum Beispiel ist das idealtypische und damit aussagekräftigste Viereck das Quadrat. Unregelmäßige Formen werden eher als verzerrt und weniger schön erlebt. Diese Empfindung kann schon als ein Hinweis auf eine vorherige, unverzerrte Urform angesehen werden.

Geometrische Bilder zur Zahl Fünf

Regelmäßige Fünfecke haben eine fünfzählige Drehsymmetrie und fünf Symmetrieachsen, die jeweils durch eine Ecke und die gegenüberliegende Seitenmitte verlaufen. Die Symmetrie der Drehungen steht im Vordergrund. Dabei sind die fünf Ecken in Bezug auf die Drehung völlig gleichberechtigt. Jedoch nimmt die Ecke auf der senkrechten Symmetrieachse durch ihre mittige Lage bezüglich rechts und links doch eine etwas hervorgehobene Position ein.

Bei regelmäßigen Vielecken liegen alle Ecken auf einem Kreis, dem Umkreis, den wir uns mit dazu denken können. Ein zweiter Kreis, der Inkreis, kann so in ein regelmäßiges Vieleck gelegt werden, dass er die Seitenmitten berührt.

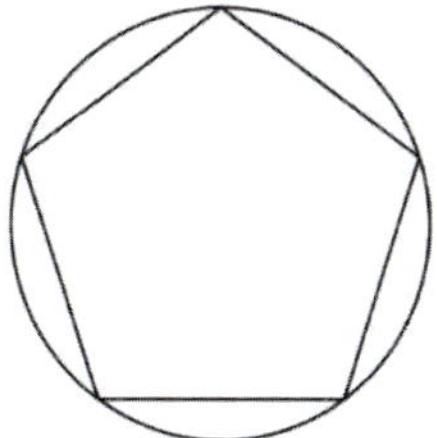
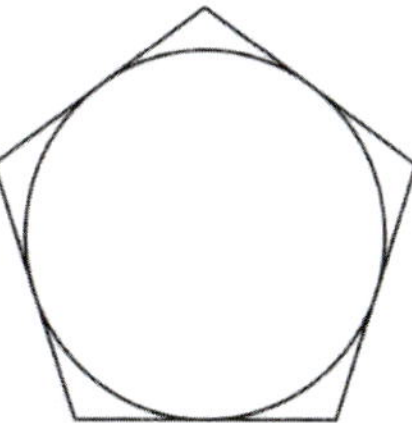

Beim Dreieck sind die Winkel spitz (60°), beim Quadrat sind es rechte Winkel (90°). Erst beim Fünfeck weiten sich die Winkel mit 108° über die rechten Winkel hinaus. Die Form wird großzügiger, sie öffnet und rundet sich mehr. Die natürliche Lage eines Vielecks ist meist nicht die balancierende auf einer Ecke, sondern die Lage mit einer waagrechten Grundseite. Wie die anderen Vielecke mit ungerader Eckenzahl und einer Spitze nach oben strahlt auch das Fünfeck mehr Dynamik und Aufrichtung aus als das Quadrat oder das Sechseck mit gerader Eckenzahl und einer etwas drückenden Oberseite parallel zur Grundseite.

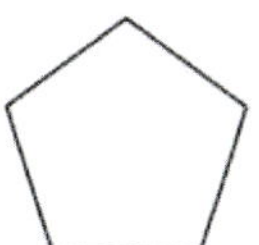
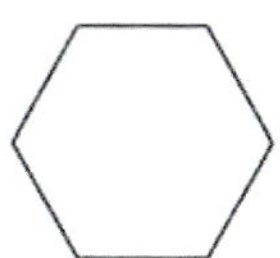
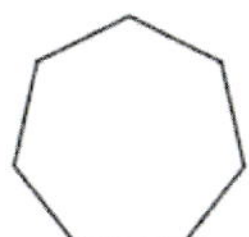

Schauen wir nach innen: Beim Dreieck sind alle Ecken benachbart und miteinander verbunden, es gibt keine Diagonalen. Beim Quadrat schneiden sich die Diagonalen im Mittelpunkt. Sie ergeben also eine sehr einfache Struktur, die sich durch das Verbinden bereits vorhandener Punkte nicht mehr fortsetzen lässt. Beim Fünfeck führen die Diagonalen zu einem Fünfstern mit einem neuen, kleineren, nun umgedrehten Fünfeck in seiner Mitte. Ein neuer Innenraum entsteht. Mit dem inneren Fünfeck kann die Konstruktion wiederholt werden usw. Sie zieht sich immer mehr zum gemeinsamen Mittelpunkt der Fünfecke zusammen. Die Innenstruktur eines Fünfecks ist also reichhaltiger als die eines Dreiecks oder Vierecks.

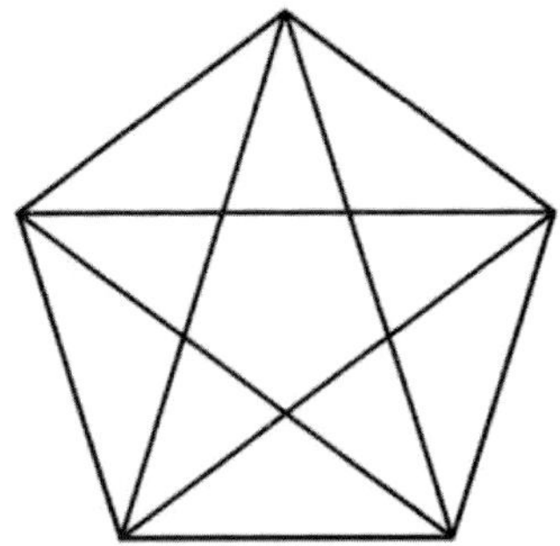

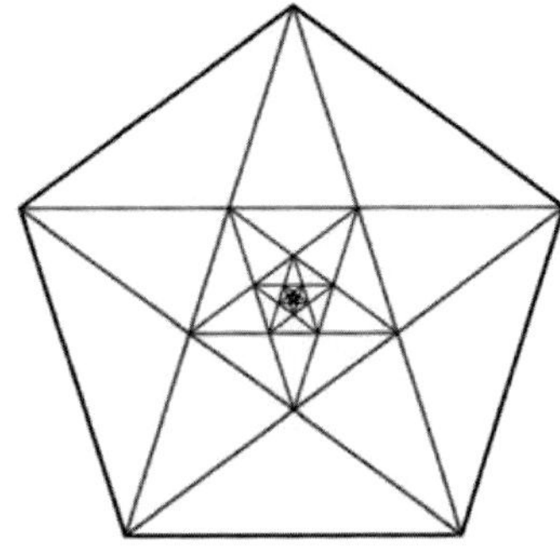

Schauen wir nach außen: Eine Verlängerung der Seitenlinien beim Dreieck oder Quadrat liefert keine neuen Schnittpunkte. Erstmalig beim Fünfeck treten Schnittpunkte auf und es entsteht eine Sternfigur. Der Fünfstern hat eine Spitze nach unten, falls man mit einem Fünfeck mit einer Grundlinie und einer Spitze nach oben begonnen hat. Für den Fünfstern mit der Spitze nach oben muss mit einem umgekehrten Fünfeck begonnen werden.

Die fünf Sternecken können wieder zu einem Fünfeck verbunden werden. Der Außenraum des Fünfecks enthält also wiederum eine Fünfeckstruktur, das Fünfeck wiederholt sich vergrößert, nur umgedreht, und gibt somit Anlass zu einem noch größeren Fünfstern usw. Wie im Inneren so wiederholt sich die Form auch im Äußeren. Fortgesetzte Wiederholung, sei es nach innen oder nach außen, stellt ein großes Thema bei Fünfeck und Fünfstern dar.

Das Innen und das Außen stehen beim Fünfeck in einem ausgewogenen Verhältnis. Klappt man eine Zacke des Fünfsterns nach innen, so erhält man zwei Diagonalen des inneren Fünfecks.

Vergleichen Sie die zwei Lagen des Fünfsterns.
Welche Empfindungen weckt die eine Lage des Fünfsterns in Ihnen, welche die andere?

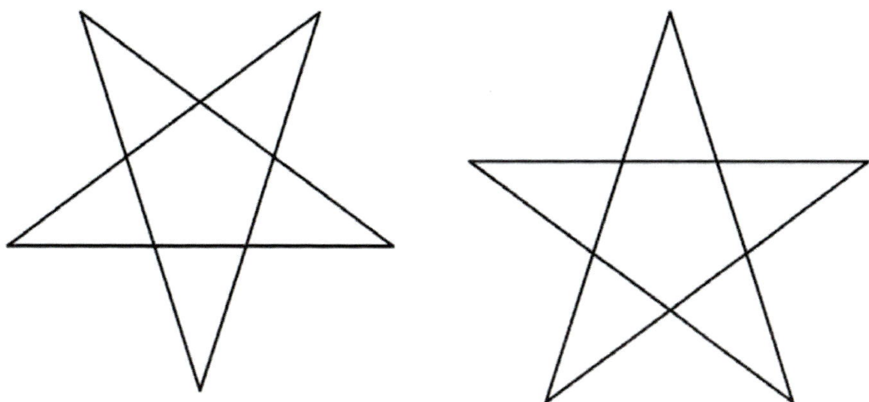

In früheren Zeiten galt der Fünfstern als magisches Kraftzeichen. Das Pentagramm, der Drudenfuß, wurde als ein Abwehrmittel gegen die Druden, das sind im Volksglauben böse nächtliche Geister, angesehen und konnte in Goethes Faust sogar den Teufel bannen:

Mephistopheles: *Gesteh ich's nur! Dass ich hinausspaziere,*
Verbietet mir ein kleines Hindernis:
Der Drudenfuß auf Eurer Schwelle –
Faust: *Das Pentagramma macht dir Pein?*

Andererseits wurde das umgedrehte Pentagramm selbst als Zeichen des Satans mit zwei Hörnern angesehen.

Die reichhaltigere Struktur der Fünf gegenüber der Drei oder Vier ermöglicht es nun, beim geschlossenen Linienzug des Fünfsterns mit seinen fünf Überkreuzungen die Linien zu verflechten. Im Drüber und Drunter der Kreuzungen entsteht eine neue Art der Beziehung, wobei die Ebene während des Bildeprozesses in die dritte Dimension verlassen werden muss. Die fertige Figur ist jedoch wieder beinahe flach. Als Steigerung der Verflechtung kann eine Verknotung angesehen werden. Ein einfacher Knoten in einem gleichmäßig breiten Papierstreifen führt von selbst zum Fünfeck.

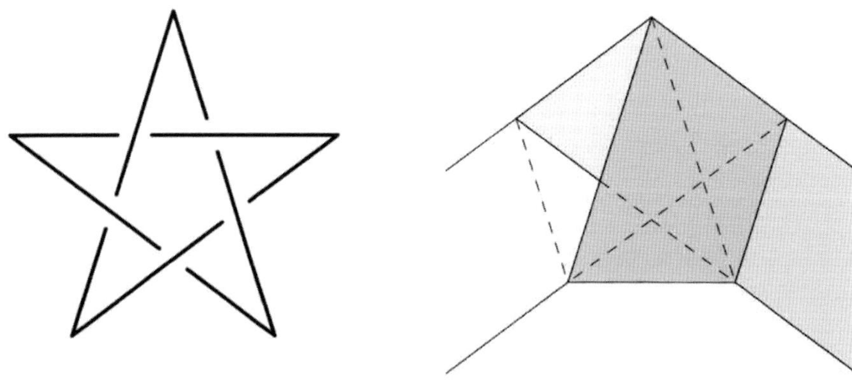

Verflechten und Verknoten stellen ein Sich-zurück-wenden dar und weisen auf neu auftretende Qualitäten der Fünf hin, die in die Richtung von Reflexion und Bewusstsein hindeuten. *„Du selbst bist es, dem du am Fünfeck begegnest“,* sagt Hugo Kükelhaus. [20, S. 125] Erste Ansätze zu dieser Richtung finden sich schon bei den Bildern der Vier. Im Schnittpunkt der Diagonalen im Quadrat oder der Waagrechten und Senkrechten beim Kreuz war eine erste, einfache Form der Selbstbegegnung zu sehen. Das Wechselspiel von drunter und drüber ist bei einer Verknotung noch viel ausgeprägter, weniger durchschaubar und oft nur mit Mühe zu lösen.

Diese neue Qualität von Bewusstsein kann in anderer Weise auch beim Heraustreten der Pyramidenspitze aus der Ebene, die ein dreidimensionales räumliches Innen erzeugt, und beim Gegenübertreten des Daumens erahnt werden, wo ebenfalls eine Form der Gleichartigkeit oder Einheit verlassen wird.

Während sich mit gleichseitigen Dreiecken, Quadraten und Sechsecken (vgl. Bienenwaben) die Ebene lückenlos ausfüllen lässt, ist das mit den Fünfecken nicht möglich. Die Figur aus sechs Fünfecken bleibt lückenhaft oder sie drängt in die dritte Dimension. Klappt man den äußeren Kranz von Fünfecken nach oben bis sich die Kanten berühren, so entsteht eine blütenhafte Schalenform, die mit einer zweiten zum Pentagondodekaeder ergänzt werden kann.

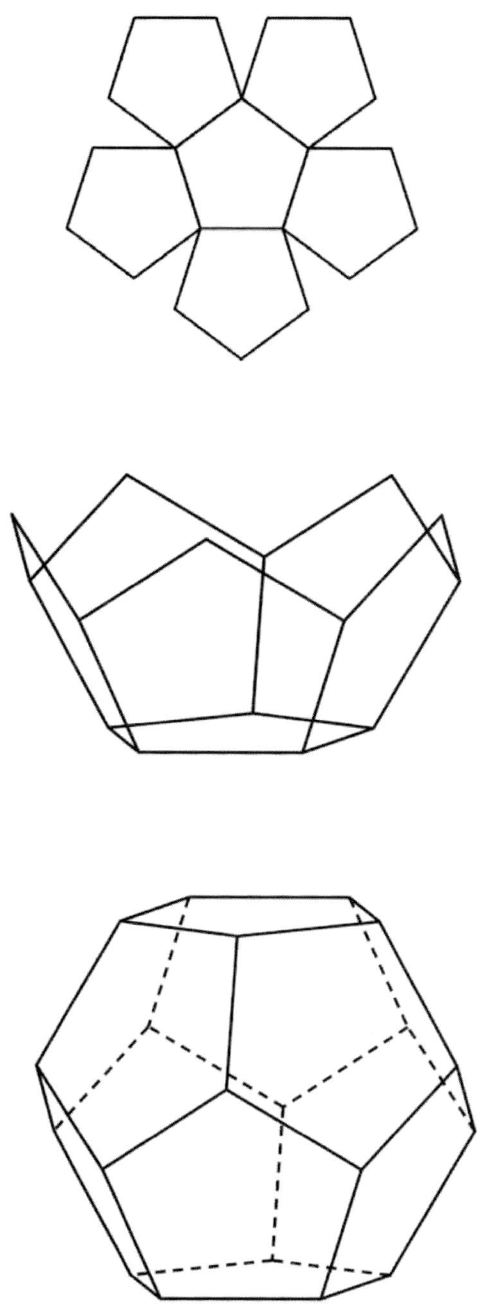

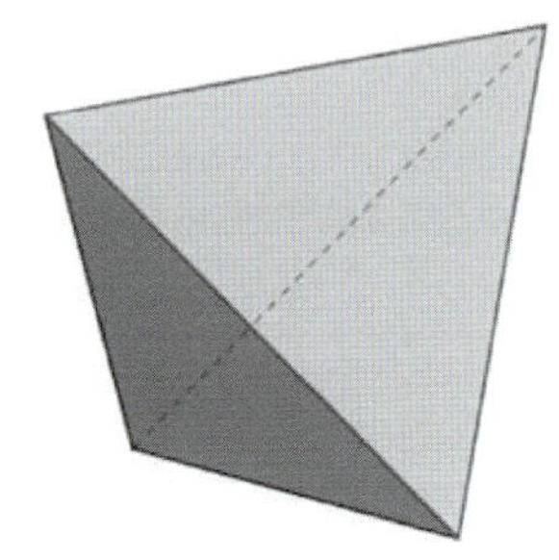

Körper wie der Würfel, die von regelmäßigen Vielecken begrenzt sind und größtmögliche Symmetrie besitzen, heißen Platonische Körper. Von diesen gibt es nur fünf, anders als in der Ebene, wo es zu jeder Zahl $n \geq 3$ ein regelmäßiges n-Eck gibt. Es sind Tetraeder aus vier Dreiecken, Hexaeder (Würfel) aus sechs Quadraten, Oktaeder aus acht Dreiecken, Dodekaeder aus zwölf Fünfecken und Ikosaeder aus zwanzig Dreiecken.

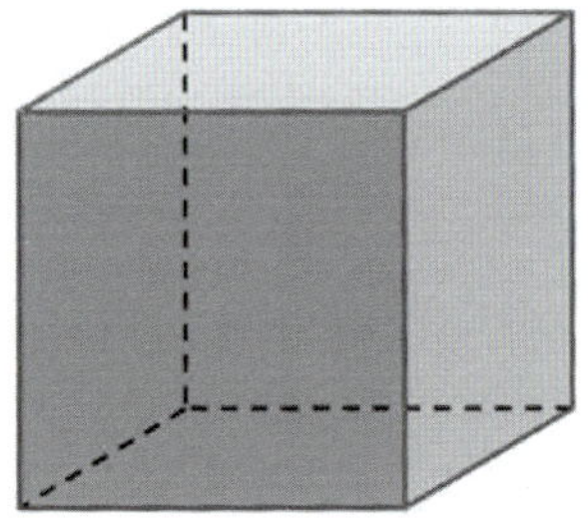

Platon sah sie als Grundbausteine aller Materie an und brachte sie im Timaios bildhaft in Verbindung mit den damaligen vier Elementen Feuer, Luft, Wasser, Erde sowie einem zusätzlichen fünften, der Quintessenz. So ordnete er der Erde den Würfel zu, dem Wasser den Ikosaeder, der Luft den Oktaeder und der Wärme den Tetraeder. Über die Zahl vier der Elemente hinaus kommt als besonderes, fünftes das Weltganze oder die Himmelsmaterie für das Dodekaeder dazu. Das Pentagondodekaeder hat also eine herausragende Bedeutung. Er bringt mit der Fünf und der Zwölf (zwölf Tierkreiszeichen und Monate) das Kosmische herein.

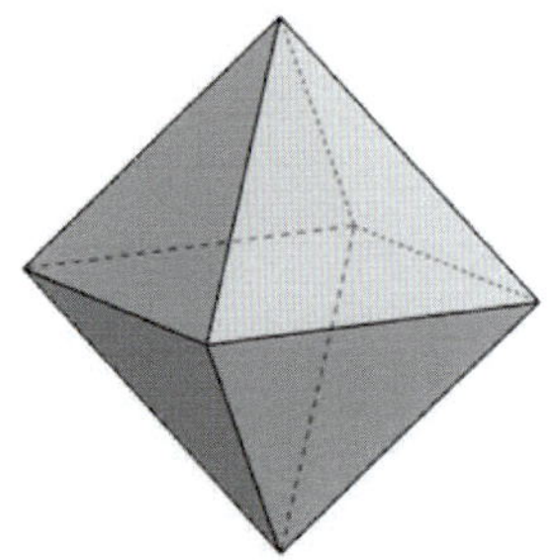

Bei den Kristallsymmetrien treten die Zahlen 2, 3, 4, 6 auf, nicht aber 5.

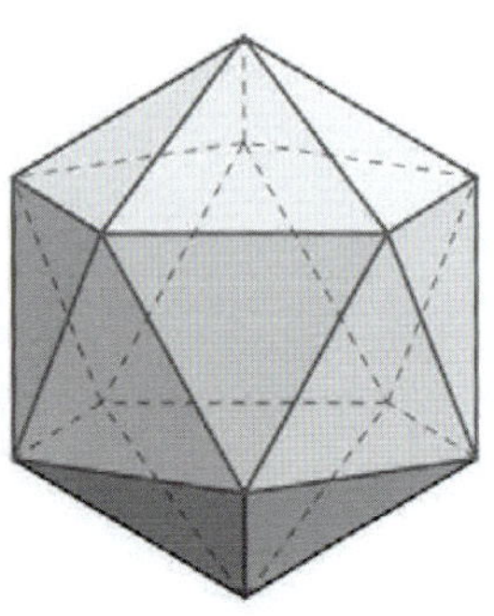

Wie könnte Platon gedacht haben?
Finden Sie andere sinnvolle Zuordnungen!
Welche Farben würden Sie für die jeweiligen Körper wählen?

Der Goldene Schnitt

Sowohl beim Fünfeck als auch beim Fünfstern tritt mehrfach ein spezielles Verhältnis von Längen auf, das als Goldener Schnitt bezeichnet wird. Das Verhältnis Diagonale : Seitenlänge = BE : BA = BE : BP findet sich wieder im Verhältnis BA : BP′ = BP : BP′ und BP′ : PP′. Die Strecke BE wird dabei durch P (und P′) in besonderer Weise geteilt.

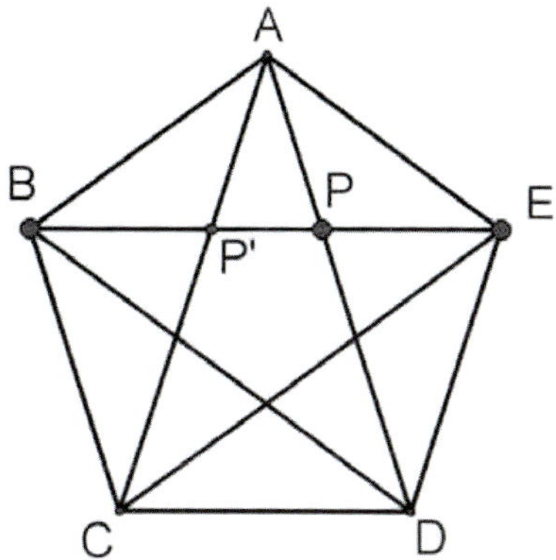

Wie kann eine Strecke oder allgemein eine Größe am besten in zwei Teile geteilt werden? Die Antwort wird sicher von den Umständen und dem Zweck der Teilung abhängen. Besonders einfach ist die Teilung der Strecke in der Mitte. Halbiert man die Länge einer schwingenden Saite, so erklingt ein Ton, der um eine Oktave höher ist. Diese beiden Töne sind sehr eng miteinander verwandt, sie tragen denselben Namen. Sie bilden ein Tonintervall, das für unsere Ohren sehr harmonisch klingt. Der sogenannte Goldene Schnitt ist eine andersartige Teilung der Strecke, nämlich in einen größeren und einen kleineren Teil, bei der das Ganze und die beiden Teile zu dritt in einer besonderen Beziehung zueinander stehen und die als außergewöhnlich wohlproportioniert gilt.

Der Goldene Schnitt, dessen erste schriftliche Erwähnung – allerdings ohne den Namen Goldener Schnitt – in Euklids Elementen im 3. Jahrhundert v. Chr. zu finden ist, wird oft wie folgt definiert. Eine Strecke (die der Einfachheit halber die Länge 1 haben soll) wird so in zwei Teile geteilt, dass ein größerer Teil (genannt Major M) und ein kleinerer Teil (Minor m) entsteht. Damit gilt: M + m = 1.

Betrachtet werden nun zwei Verhältnisse, zum einen das Verhältnis vom größeren Teil zum kleineren Teil, also M:m, zum anderen das Verhältnis vom Ganzen zum größeren Teil, also 1:M. Wenn z. B. die Teilung nach zwei Dritteln erfolgt, gilt M:m = $\frac{2}{3}:\frac{1}{3}$ = 2:1. Das Verhältnis der ganzen Strecke ($1 = \frac{3}{3}$) zum größeren Teil ist $\frac{3}{3}:\frac{2}{3}$ = 3 : 2. Die Verhältnisse sind also ungleich. In dem besonderen Fall, dass durch die Teilung zweimal dieselben Verhältnisse entstehen, spricht man von einer Teilung im Goldenen Schnitt. Die Teilung nach zwei Dritteln ist ebenso wenig im Goldenen Schnitt wie die Halbierung.

Eine kleine Rechnung (3) zeigt, dass beim Goldenen Schnitt der größere Teil etwa 61,8 % ausmacht, der kleinere Teil 38,2 %. Das Verhältnis m:M = M:1 = $0{,}5\cdot(\sqrt{5}-1) \approx 0{,}618$ wird oft φ genannt, das Verhältnis M:m = $\Phi = 0{,}5\cdot(\sqrt{5}+1) \approx 1{,}618$. Φ und φ sind das große bzw. kleine phi, das ist der griechische Anfangsbuchstabe von Phidias, einem berühmten antiken griechischen Bildhauer (andere Bezeichnungen sind G und g, aber auch τ).

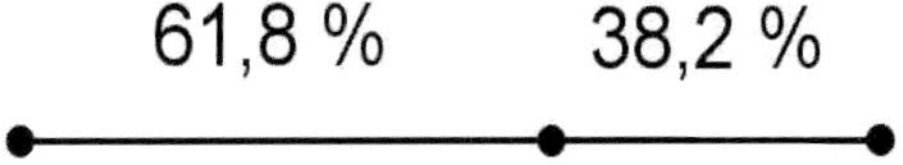

Die beiden Zahlen Φ und φ sind irrational, also keine Brüche oder Verhältnisse von ganzen Zahlen, da in der Rechnung $\sqrt{5}$ auftritt. Früher nannte man zwei Zahlen, deren Verhältnis irrational ist, inkommensurabel, d. h. nicht von gleichem Maß. Irrationale Zahlen wie Φ oder φ sind also inkommensurabel zu rationalen Zahlen. Irrationale Zahlen sind Zahlen mit unendlich vielen Ziffern nach dem Komma, die sich auch nicht periodisch wiederholen. Solche Zahlen sind weniger klar überschaubar als ganze Zahlen (z. B. 1) oder Brüche (z. B. 3/4 = 0,75). Das Unendliche leuchtet durch die unendlich vielen Nachkommastellen herein.

Die erstmalige Entdeckung einer irrationalen Zahl wird Hippasos von Metapont (Unteritalien) zugeschrieben, einem Forscher der Schule und Tradition des Pythagoras, der in der ersten Hälfte des fünften Jahrhunderts vor Christus lebte. Sie hat das mathematische System der damaligen Zeit erschüttert. Eine neue Stufe der Mathematik wurde dadurch notwendig, die erst deutlich später erreicht wurde.

Es ist gut möglich, dass Hippasos seine Entdeckung am Fünfstern, dem Erkennungszeichen der Pythagoreer, gemacht hat (die Irrationalität könnte auch an der Diagonale im Quadrat, die das $\sqrt{2}$-fache der Seitenlänge ist, entdeckt worden sein). Denn in dieser Figur tritt der Goldene Schnitt mehrfach auf. Beispielsweise teilt P die Strecke AB im Goldenen Schnitt, während P′ die Strecke AP im Goldenen Schnitt teilt.

Einer Legende nach wurde Hippasos für die Verbreitung dieses Geheimnisses von den Göttern bestraft und ertrank im Meer.

Diese Teilverhältnisse φ und Φ weisen einige Besonderheiten auf:
$1/\varphi = \Phi = \varphi + 1$, der Kehrwert Φ von φ hat genau die gleichen Nachkommastellen.

Die folgende Kettenbruchdarstellung von Φ ergibt sich aus der Beziehung $\Phi^2 = 1 + \Phi$.

Teilt man beide Seiten durch Φ, so erhält man $\Phi = 1+\frac{1}{\Phi}$.

Setzt man für das Φ im Nenner wieder die rechte Seite ein, entsteht

$$\Phi = 1+\frac{1}{\Phi} = 1+\frac{1}{1+\frac{1}{\Phi}} \quad \text{usw., also:}$$

$$\Phi = 1+\frac{1}{\Phi} = 1+\frac{1}{1+\frac{1}{\Phi}} = 1+\frac{1}{1+\frac{1}{1+\frac{1}{\Phi}}} \ldots = 1+\frac{1}{1+\frac{1}{1+\frac{1}{1+\frac{1}{1+\ldots}}}}$$

Durch Weglassen von $1/\Phi$ in Schritt 1 oder 2 … entsteht die Folge

$$1$$

$$1+\frac{1}{1} = 2$$

$$1+\frac{1}{1+\frac{1}{1}} = 1+\frac{1}{2} = \frac{3}{2} = 1{,}5$$

$$1+\cfrac{1}{1+\cfrac{1}{1+\cfrac{1}{1}}} = 1+\cfrac{1}{\frac{3}{2}} = 1+\frac{2}{3} = \frac{5}{3} = 1{,}666\ldots$$

$$1+\cfrac{1}{1+\cfrac{1}{1+\cfrac{1}{1+\cfrac{1}{1}}}} = 1+\cfrac{1}{\frac{5}{3}} = 1+\frac{3}{5} = \frac{8}{5} = 1{,}6$$

…,

die gegen Φ strebt.

Nun ist ein Bruch bei festem Zähler umso größer, je kleiner sein Nenner ist, z.B. 1/2 > 1/4. Beendet man die Kettenbruchdarstellung an irgendeiner Stelle, indem man 1/Φ weglässt, so lässt man im Vergleich zu anderen Kettenbrüchen den größtmöglichen Bruch weg, da dieser Kettenbruch nur aus Einsen in den Nennern besteht. Solche Zahlen, deren Kettenbruchdarstellung ab einer Stelle nur noch aus Einsen besteht, lassen sich also besonders schlecht durch Kettenbrüche und damit überhaupt durch rationale Zahlen annähern. Daher werden Φ und φ mitunter als ‚irrationalste' Zahlen bezeichnet.

Dies hat überraschende Konsequenzen in Bezug auf die Stabilität von dynamischen Systemen. Ein Beispiel dafür ist die Bewegung der Planeten in unserem Sonnensystem. Periodische Störungen eines schwingenden Systems führen zu Aufschaukelung (= Resonanz), wenn die Frequenz der Störung und die Eigenfrequenz des Systems in einem rationalen Verhältnis stehen. Das heißt umgekehrt, eine Störung im Verhältnis des Goldenen Schnitts vermeidet Resonanzen und erhält eine größtmögliche Stabilität.

Ebenso schön regelmäßig wie die Kettenbruchdarstellung ist die Kettenwurzeldarstellung:

$$\Phi = \sqrt{1+\sqrt{1+\sqrt{1+\sqrt{1+\ldots}}}}$$

denn Quadrieren ergibt: $\Phi^2 = 1 + \Phi$.

Beide Darstellungen benötigen unendlich viele Schritte. Sie bringen die schon mehrfach beobachtete Tendenz zur Wiederholung deutlich zum Ausdruck. Ebenso zeigt sich eine enge Verbindung zur 1, also zur Einheit, zum Ganzen, denn Kettenbruch und Kettenwurzel sind beide ausschließlich aus der Ziffer Eins aufgebaut.

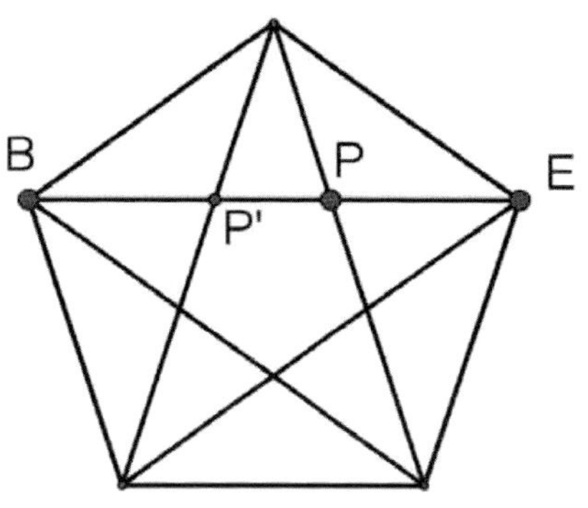

Am Fünfeck zeigt sich eine sehr wichtige Eigenschaft des Goldenen Schnitts, weswegen dieses Teilverhältnis auch stetige Teilung genannt wird. Teilt man eine Strecke BE in einen Major BP und einen Minor PE und teilt nun den Major BP, indem man den Minor PE = BP′ anträgt, so ergibt sich wieder eine Teilung im Goldenen Schnitt, was sich beliebig oft wiederholen lässt.

Johannes Kepler [19, S. 18] schreibt in einer Analogie vom *„Zeugungsvermögen"* dieser *„sich selbst fortsetzenden Proportion"* und verweist auf das Pflanzenreich mit häufig fünfzähligen Blüten.

Eine ähnliche Geste zeigt sich im aufeinanderfolgenden Hervorsprießen von Blättern am Stängel einer Pflanze. So weist der Goldene Schnitt auf die rhythmischen, vervielfachenden Wachstumskräfte der Natur ganz allgemein hin, die sich besonders im Pflanzenreich ausdrücken.

In engem Zusammenhang mit dem irrationalen Goldenen Schnitt, der in der physischen Welt immer nur näherungsweise erreicht werden kann, stehen die Fibonacci-Zahlen, eine Folge von natürlichen Zahlen 1, 1, 2, 3, 5, 8, 13, 21, 34, 55, … Sie beginnt mit 1, 1 und die jeweils folgende Zahl ist die Summe der beiden vorhergehenden, z. B. 1+1= 2, 1+2 = 3. Betrachtet man das Verhältnis von zwei aufeinander folgenden Fibonacci-Zahlen, so nähert sich dieses dem Goldenen Schnitt Φ an (diese Folge ist uns bei der Kettenbruchdarstellung schon begegnet):

2:1=2, 3:2=1,5, 5:3=1,666…, 8:5=1,6, 13:8=1,625,
21:13=1,615…, 34:21=1,619…

Umgekehrt gilt: 2:3 = 0,666…, 3:5 = 0,6, 5:8 = 0,625, 8:13 = 0,615…, 13:21 = 0,619…, was sich der Zahl φ annähert.

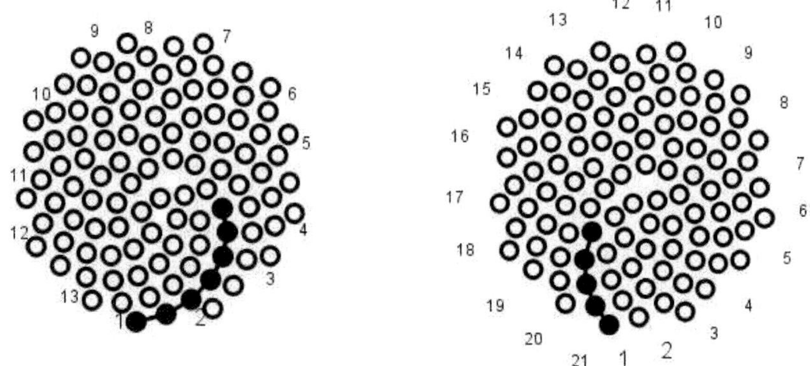

Die Fibonacci-Zahlen treten vielfach in Zusammenhang mit Wachstumsvorgängen in der Natur auf. Bei reifen Sonnenblumen kann man bei den Samenkörnern Spiralen in zwei Richtungen sehen. Zählt man diese Spiralen, so kommt man auf Fibonacci-Zahlen wie 34 und 55. Die Zeichnungen zeigen eine Simulation mit Samenkörnern, die 13 und 21 Spiralen ergeben. Bei Ananasfrüchten kann man sogar drei verschiedene Spiralarten zählen und kommt dabei auf drei aufeinanderfolgende Fibonacci-Zahlen.

Bei lebendigem Wachstum steht die Zunahme in Bezug zum Vorhandenen. Der Zuwachs pro Zeiteinheit ist ein bestimmter Prozentsatz des Vorhandenen. Man könnte sagen, die Fibonacci-Zahlen bilden eine ganzzahlige Annäherung an dieses Wachstum mit dem Wachstumsfaktor Φ des Goldenen Schnitts.

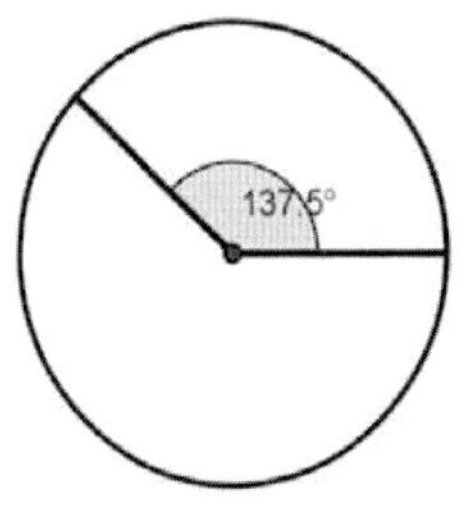

Der sogenannte Goldene Winkel entsteht, wenn man 360° im Goldenen Schnitt teilt, was etwa 222,5°, bzw. 137,5° ergibt. Dieser irrationale Winkel, spielt in der Botanik bei der Stellung von Blättern zueinander eine Rolle. Der Winkel zwischen zwei Blättern liegt oft nahe bei 137,5° denn die spiralige Folge der Blätter am Stängel ist oft von Fibonacci-Zahlen geprägt.

Bei Rosen verteilen sich fünf Blätter auf zwei Umdrehungen, was 720° : 5 = 144° ergibt, bei Löwenmaul acht Blätter auf drei Umdrehungen, was 3 · 360° : 8 = 135° ergibt.

Eine Blattstellung, bei der das jeweils nächste Blatt etwa im Goldenen Winkel versetzt wächst, zieht eine besonders geringe gegenseitige Abschattung nach sich und hat somit möglichst viel einfallendes Licht auf die Blätter zur Folge. Kann damit das Auftreten der Fibonacci-Zahlen und des Goldenen Schnitts erklärt werden?

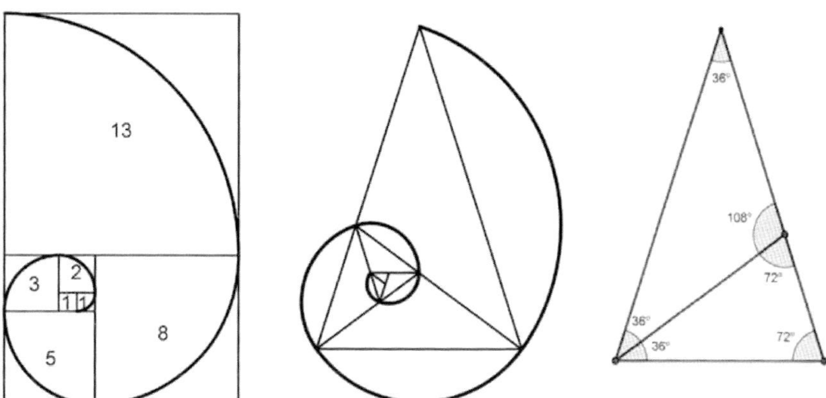

Ein sogenanntes Goldenes Rechteck ist ein Rechteck, dessen Seiten (etwa) im Verhältnis des Goldenen Schnitts stehen, wie 3 und 5 oder 5 und 8.

Aus einer Folge von Goldenen Rechtecken, die durch Anfügen von Quadraten mit Viertelkreisen entsteht, ergibt sich die Fibonacci-Spirale, die eine logarithmische (Goldene) Spirale annähert. Die logarithmische Spirale, wie bei Schneckenhäusern, ist ein großes Bild für lebendiges Wachstum.

Goldene Dreiecke sind die Dreiecke im Fünfeck und Fünfstern. Auch aus diesen lässt sich mit Kreisbögen von je 108° eine logarithmische Spirale annähern.

Das Verhältnis des Goldenen Schnitts wurde seit Luca Pacioli (1445–1514), der es ‚göttliche Proportion' nannte, immer wieder als außerordentlich und besonders ästhetisch gelobt. Johannes Kepler schrieb in Harmonices Mundi:

> *„Die Geometrie birgt zwei große Schätze: der eine ist der Satz von Pythagoras, der andere der Goldene Schnitt. Den ersten können wir mit einem Scheffel Gold vergleichen, den zweiten können wir ein kostbares Juwel nennen."*

Adolf Zeising („Neue Lehre von den Proportionen des menschlichen Körpers“, 1854, und seither eine Reihe von Autoren) beschrieb eine Vielzahl von menschlichen Proportionen, die im Goldenen Schnitt liegen, z. B. wird die Körpergröße von der Fußsohle zum Scheitel durch den Bauchnabel etwa im Goldenen Schnitt geteilt. Ebenso werden in Büchern viele Beispiele aus Architektur, Malerei, Literatur und Musik angeführt.

Das Auftreten des Goldenen Schnitts beim menschlichen Körper und in Bauwerken wie dem Parthenon-Tempel in Athen oder den ägyptischen Pyramiden etc. ist allerdings umstritten. Denn ein irrationales Zahlenverhältnis kann in der physischen Welt immer nur angenähert erreicht werden. Bis zu welchem Maß soll eine Abweichung toleriert werden? Wurde in der Konstruktionsidee eines Bauwerks das Verhältnis im Goldenen Schnitt bewusst angestrebt oder ergab es sich nebenbei? Beim menschlichen Körper ist nicht immer klar, wo genau die Messpunkte sein sollen. Bedeutet eine Abweichung, dass die Idee falsch ist, oder weicht eben dieser individuelle Mensch von den Idealmaßen ab? Dennoch gibt es zu denken, wenn gerade das Verhältnis des Goldenen Schnitts bei wesentlichen Zusammenhängen angenähert auftritt.

Betrachten wir den Goldenen Schnitt noch einmal aus einer anderen Sicht. Schon Platon untersuchte die philosophische Frage, wie zwei verschiedene Dinge am besten in eine Verbindung kommen können. Dafür hält er ein Drittes für notwendig, das als Zwischenglied die Vermittlung zwischen den beiden vorhandenen Dingen schafft. Er schreibt im Timaios:

> *„Zwei Dinge allein aber ohne ein Drittes wohl zusammenzufügen ist unmöglich, denn nur ein vermittelndes Band kann zwischen beiden die Vereinigung bilden. Von allen Bändern ist aber dasjenige das schönste, welches zugleich sich selbst und die durch dasselbe verbundenen Gegenstände möglichst zu einem macht. Dies aber auf das schönste zu bewirken, ist die Proportion da. Denn wenn von drei Zahlen oder Massen oder Kräften von irgend einer Art die mittlere sich ebenso zur letzten verhält wie die erste zu ihr selber, und ebenso wiederum zu der ersten wie die letzte zu ihr selber, dann wird sich ergeben, dass, wenn die mittlere an die erste und letzte, die erste und letzte dagegen an die beiden mittleren Stellen gesetzt werden, das Ergebnis notwendig ganz dasselbe bleibt; bleibt dies aber dasselbe, so sind sie alle damit wahrhaft untereinander Eins geworden.“*

Anders gefragt, wie kann zu zwei Zahlen a und b eine mittlere Proportionale g gefunden werden, d.h. eine Zahl g mit der Eigenschaft $a:g = g:b$, was äquivalent ist zu $a \cdot b = g^2$?

Ein Beispiel: Die mittlere Proportionale von 3 und 12 ist 6, da $3:6 = 6:12$. Die Lösung ist in diesem Fall einfach, da $12 \cdot 3 = 36 = 6^2$ eine Quadratzahl ist. Was aber ist beispielsweise die mittlere Proportionale von 2 und 3, wobei $3 \cdot 2 = 6$ keine Quadratzahl ist? Geometrisch gesehen bedeutet $a \cdot b$ den Flächeninhalt eines Rechtecks mit Seitenlängen a und b, hingegen g^2 den Flächeninhalt eines Quadrats mit Seitenlänge g. Das heißt, zu einem gegebenen Rechteck soll ein flächengleiches Quadrat gefunden werden. Im ersten Beispiel ist die Rechteckfläche $3 \cdot 12 = 36 = 6^2$, das flächengleiche Quadrat hat also Seitenlänge 6. Im zweiten Beispiel hat das Rechteck die Fläche $2 \cdot 3 = 6$. Eine geometrische Lösung kann mit dem Höhensatz für rechtwinklige Dreiecke konstruiert werden:

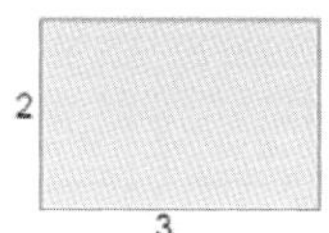

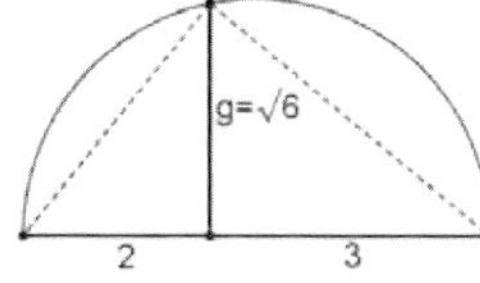

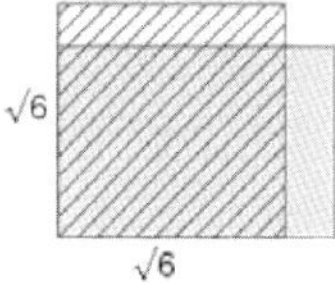

Benötigt wird also eine Zahl, die im Quadrat 6 ergibt. Keine natürliche Zahl und auch kein Bruch ergibt im Quadrat 6. Der Bereich der vertrauten ganzen Zahlen sowie der Brüche muss verlassen werden. Die rechnerische Lösung liegt in einem neuen, erweiterten Zahlbereich. Eine kleine Rechnung ergibt: $g = \sqrt{6} \approx 2{,}45$ oder im allgemeinen Fall $g = \sqrt{a \cdot b}$. Diese Zahl g wird auch geometrisches Mittel von a und b genannt, im Gegensatz zum arithmetischen Mittel $(a+b):2$, das im ersten Beispiel $(3+12):2 = 7{,}5$ und im zweiten Beispiel $(2+3):2 = 2{,}5$ ergibt.

Dieses Prinzip der mittleren Proportionalen lässt sich verallgemeinern zu sogenannten geometrischen Folgen $a, a \cdot q, a \cdot q^2, a \cdot q^3, a \cdot q^4, \ldots$ Das nächste Folgenglied entsteht, indem das vorige mit q multipliziert wird. Z.B. mit $a = 3$ und $q = 2$ entsteht die Folge 3, 6, 12, 24, …, mit $a = 1$ und $q = 1/2$ die Folge 1, 1/2 , 1/4, 1/8,… Dabei ist jedes Folgenglied das geometrische Mittel seiner beiden Nachbarn. Der Goldene Schnitt kann als Sonderfall dieser mittleren Proportionalen mit dem Verhältnis φ oder Φ gesehen werden. Der Major M ist dabei die mittlere Proportionale zwischen dem Ganzen (=1) und dem Minor m.

Das Beispiel mit 3, 6 und 12 entspricht nicht dem Goldenen Schnitt, da 3+6 = 9 also deutlich von 12 abweicht. Drei aufeinanderfolgende Glieder der Fibonacci-Folge, z.B. 3, 5 und 8, entsprechen fast dem Goldenen Schnitt, denn 3+5 = 8 und 3:5 = 0,6 ist zumindest fast gleich zu 5:8 = 0,6125.

Geometrische Folgen treten bei Wachstums- und Zerfallsprozessen auf, bei denen die Zu- bzw. Abnahme ein fester Prozentsatz des Bestands ist. Beispiele sind Wachstum von Populationen oder Biomasse, Zinseszins und radioaktiver Zerfall. Geometrische Folgen beschreiben ein prozentuales, auf den Bestand bezogenes Wachstum. Eine andere, mehr äußerliche Art des Wachstums wird durch arithmetische Folgen (jedes Folgenglied ist arithmetisches Mittel seiner Nachbarn, z.B.: 1, 4, 7, 10, …) beschrieben, bei denen in jedem Wachstumsschritt die gleiche, vom Bestand unabhängige Menge dazukommt.

Der Goldene Schnitt vereint somit zwei sehr grundlegende gegensätzliche Prinzipien, einerseits das Verbindende der mittleren Proportionale, die zwei zunächst getrennte Objekte in einen Zusammenhang bringt, und andererseits das Gliedernde, Zerteilende, das aus der ursprünglichen Einheit zwei ungleich große Teile bildet. Das beleuchtet eine Aussage von Heinz Grill, wonach der Goldene Schnitt teilt ohne zu trennen. Die Teile bleiben in Verbindung untereinander und zum Ganzen, was einer alten Vorstellung von Schönheit entspricht. Ähnlich formuliert Doczi [8, S. 27]:

> *„Die harmoniebildende Kraft des Goldenen Schnittes rührt von seiner einzigartigen Fähigkeit her, verschiedene Teile so zu einem Ganzen zu verbinden, dass jeder Teil seine Identität behält und zugleich in einem größeren Ganzen aufgeht.“*

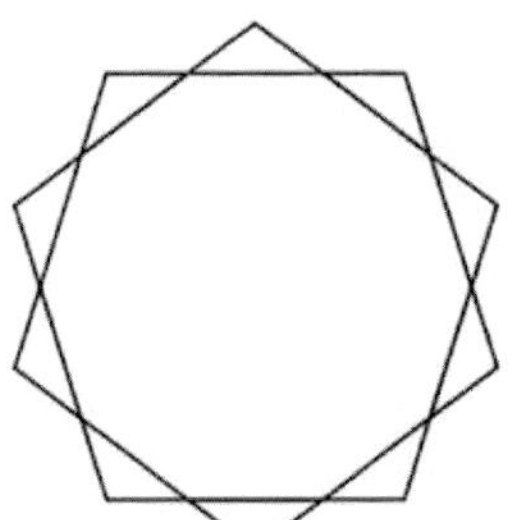

entlang einer geraden Linie
links: Minor – Major – Minor, *rechts: Major – Minor – Major*

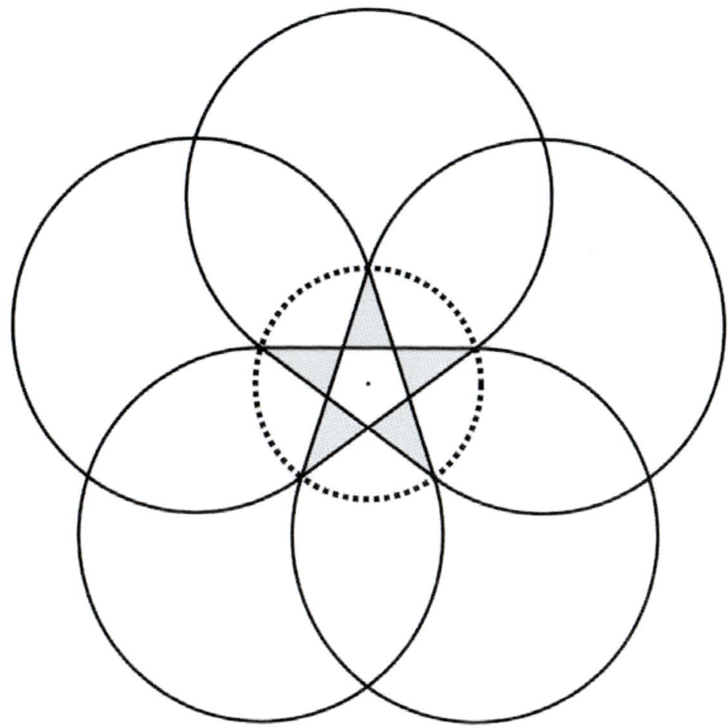

Ein Pentagramm gespiegelt am Kreis

Die Zahl 5

Die Zahl 5 ist eine ungerade Zahl und zugleich eine Primzahl, d. h. sie hat keine anderen Teiler als 1 und 5. Die Fünf tritt zusammen mit der Drei und Vier auf als Seitenlänge des rechtwinkligen ‚ägyptischen' Dreiecks, denn nach dem Satz des Pythagoras gilt: $3^2 + 4^2 = 5^2$.

Die Pythagoräer, die einen Fünfstern als Erkennungszeichen hatten, betrachteten die geraden Zahlen als weiblich, die ungeraden als männlich. Die Eins nahm eine Sonderstellung ein. Somit war 5 = 2+3 die erste Zahl, die aus einer weiblichen und einer männlichen zusammengesetzt war. Sie stand symbolisch für Liebe und Ehe und wurde mit der Venus in Verbindung gebracht.

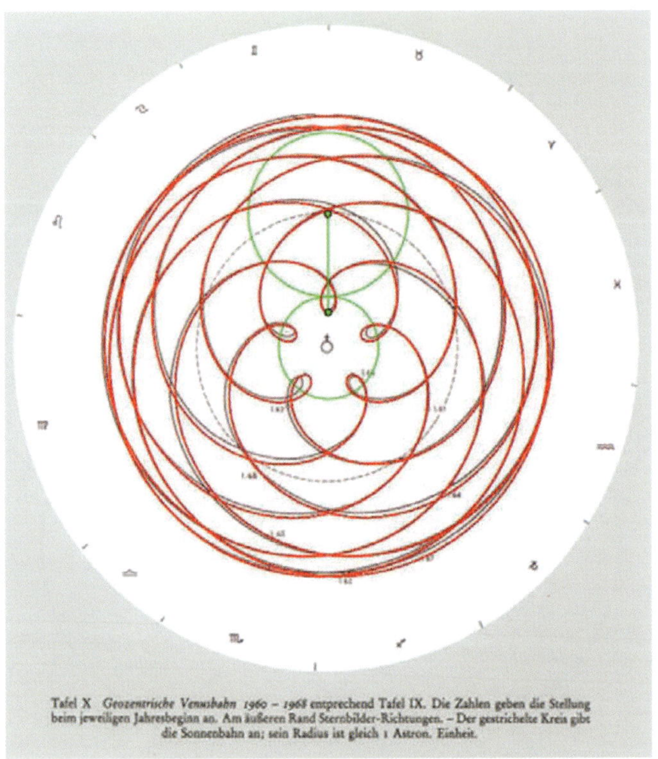

Tafel X *Geozentrische Venusbahn* 1960 – 1968 entprechend Tafel IX. Die Zahlen geben die Stellung beim jeweiligen Jahresbeginn an. Am äußeren Rand Sternbilder-Richtungen. – Der gestrichelte Kreis gibt die Sonnenbahn an; sein Radius ist gleich 1 Astron. Einheit.

Die rote Linie ist eine verlängerte Epizykloide. Sie ist ähnlich wie die Bahn der Venus nach Schultz, die in acht Jahren von der Erde aus betrachtet fast genau fünf Perioden durchläuft.

Die Rose als Blume der Liebe hat fünf Blütenblätter.

Die Vier, gebildet aus zwei Paaren, steht stark im Zeichen der Ordnung und Ausgewogenheit. Am Quadrat und am Kreuz, den beiden Figuren zur Vier mit ihren klaren waagrechten und senkrechten Linien und ausschließlich rechten Winkeln, lässt sich das deutlich sehen. Nach Heinz Grill beschreibt sie das Erdensymbol und das Eingebunden-Sein des Menschen ins Irdische. Die Fünf verlässt diese statische Sicherheit und begibt sich in eine dynamischere Offenheit nach außen, die, verbunden mit einer zunehmenden Bewusstheit nach innen, neue Möglichkeiten bereithält. Nichts Geringeres als Freiheit und Liebe können nun entwickelt werden. Die Freiheit beinhaltet allerdings auch die Möglichkeit ihres Missbrauchs. Schiller beschreibt im Wallenstein die Fünf als eine Mischung von gut und böse im einzelnen Menschen:

> Zweiter Bedienter:
> *So? Und warum nennt ihr die fünfe eine heil'ge Zahl?*
> Seni:
> *Fünf ist des Menschen Seele.*
> *Wie der Mensch aus Gutem und Bösem ist gemischt,*
> *so ist die Fünfe die erste Zahl aus Grad' und Ungerade.*

Rudolf Steiner [28, S. 177ff] nennt die Fünf direkt die Zahl des Bösen, das im Rahmen der menschlichen Freiheit neu hinzukommt. Mit der Fünf wird eine eigene, freie, aktive Handlung erst möglich, mit ihren günstigen oder ungünstigen Folgen, für die wir Verantwortung tragen:

> *„Fünf ist die Zahl des Bösen. Das können wir uns am besten klarmachen, wenn wir wieder den Menschen betrachten. Der Mensch hat sich zu einer Vierheit entwickelt, zu einem Wesen der Schöpfung, aber auf der Erde tritt zu ihm das fünfte Glied, das Geistselbst. Wäre der Mensch nur eine Vierheit geblieben, dann würde er immer von oben, von den Göttern, zum Guten dirigiert worden sein; zur Selbständigkeit hätte er sich niemals entwickelt. Er ist dadurch frei geworden, dass er auf der Erde die Keimanlage zu dem fünften Glied, dem Geistselbst, bekommen hat. Dadurch hat er die Möglichkeit erhalten, das Böse zu tun, dadurch aber ist er auch selbständig geworden. Kein Wesen, das nicht in der Fünfheit auftritt, kann das Böse tun, und überall, wo uns ein Böses begegnet, das tatsächlich aus sich selbst verderblich wirken kann, da ist eine Fünfheit im Spiele. ... Denn immer beherrscht die Zahl Fünf dasjenige, wo der Arzt am fruchtbarsten eingreifen kann. Vorher kann er nicht viel anderes tun, als der Natur*

ihren Lauf gehen lassen; aber da kann er helfend eingreifen, wenn er das Gesetz der Fünf beachtet, weil da das Prinzip der Zahl Fünf in die Tatsachenwelt einfließt, das mit Berechtigung schädigend oder böse genannt werden kann."

Drücken sich diese polaren Möglichkeiten von gut und böse in den zwei typischen Richtungen des Fünfsterns aus, der mit der Spitze nach oben oder nach unten zeigen kann?

Der Mensch und die Fünfheit

Nach Rudolf Steiner [28, S. 144-146] hat der Fünfstern nicht nur eine Bedeutung hinsichtlich der äußeren Form des Menschen. Steiner spricht von Ätherkräften, das sind Kräfte, die die Formbildung, das Wachstum und die Regeneration von Pflanzen und Tieren bewirken und ebenso den physischen Körper des Menschen beleben:

„... durchzogen ist dieser Ätherleib nach allen Seiten hin von Strömungen, wie das Meer. Darunter gibt es nun fünf Hauptströmungen. Wenn Sie sich hinstellen mit auseinandergespreizten Beinen und die Hände ausgebreitet halten, dann stellt sich der menschliche Leib so dar, wie hier im Bilde.

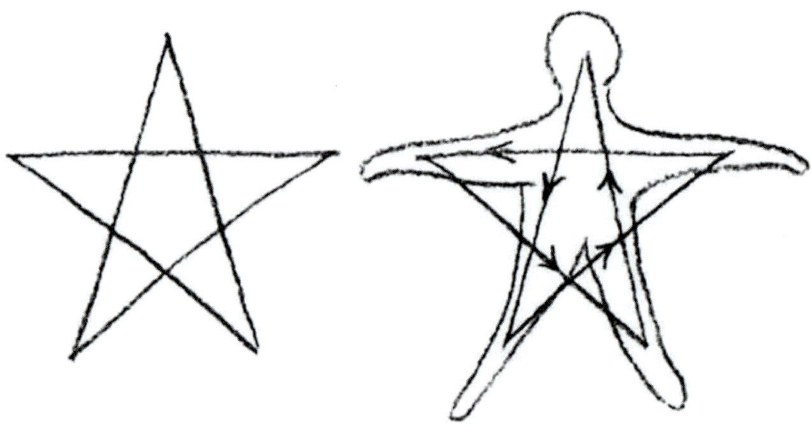

Sie können die Richtungen der fünf Hauptströmungen genau verfolgen; sie bilden ein Pentagramm. Diese fünf Strömungen hat jeder Mensch verborgen in sich. Sie durchströmen den Ätherleib in den durch die Pfeile angegebenen Richtungen, sie bilden sozusagen das «Knochengerüst» des menschlichen Ätherleibes. Fortwährend gehen diese Strömungen durch den Ätherleib, und dies bleibt auch der Fall, wenn der Mensch sich bewegt. Wie auch die Körperstellung sein mag, immer geht eine Strömung von der Mitte der Stirn, dem Punkte zwischen den Augenbrauen aus, hinunter zum rechten Fuß, von da nach der linken Hand, von da zur rechten Hand, dann zum linken Fuß und von da wieder zurück zur Stirn. Das, was man das Pentagramm nennt, das ist innerlich so beweglich im Ätherleib, wie es der menschliche physische Leib selbst ist. Und wenn der Okkultist vom Pentagramm als von der Figur des Menschen spricht, dann handelt es sich nicht um etwas Ausgeklügeltes, sondern er spricht davon wie der Anatom vom Knochengerüst. Diese Figur ist wirklich im Ätherleib vorhanden, sie ist eine Tatsache.
... Wer sich in der Meditation in das Pentagramm vertieft, für den ist der Weg dieser Strömungen im Ätherleib zu finden. Es hat keinen Zweck, sich willkürliche Bedeutungen dieser Zeichen auszudenken. Wenn man sich dieses Zeichen in der Meditation vorhält – man muss es nur mit Geduld tun –, dann führt das zu okkulten Wirklichkeiten.“

Zusätzlich zum großen Fünfstern seiner Gestalt aus Kopf und Gliedmaßen erscheint die Fünf an der äußersten Peripherie des Körpers wieder, da wo er in unmittelbaren tätigen Kontakt zur Außenwelt tritt. An jeder Hand hat der Mensch fünf Finger und an jedem Fuß hat er fünf Zehen, also zusammen zehn Finger und zehn Zehen. Es besteht also eine enge Verbindung von Fünf und Zehn, $2 \cdot 5 = 10$, bei der die Zwei beteiligt ist.

Geometrisch ist das Zehneck eng verbunden mit dem Fünfeck. Das eine lässt sich leicht aus dem anderen konstruieren. Das Zehneck steht ebenfalls in Bezug zum Goldenen Schnitt.

Der Apfel (lateinisch Malus, vgl. malum = das Böse) ist ein Rosengewächs. Das Kernhaus jedes Apfels zeigt ein Fünfeck, das sich bis zu einem Radius von der Größe des Minors erstreckt. Bei genauer Betrachtung sind weiter außen zehn Punkte zu sehen, die in der Nähe der Majorlinie liegen.

rechts mit Teilungen im Goldenen Schnitt

In der Yogalehre und in der Anthroposophie wird von sieben Energiezentren des Menschen, im Sanskrit Chakra, gesprochen. Das dritte liegt auf der Höhe des Sonnengeflechts, das vierte beim Herzen, das fünfte bei der Kehle. Das dritte und das fünfte, die beide dem in der Mitte liegenden Herzzentrum benachbart sind, gehören eng zusammen. Alle diese Zentren stehen in Verbindung mit dem Kosmos, das dritte mit der Venus, das fünfte mit dem Mars, der mythologisch der Liebhaber der Venus ist.

Zusammenhänge zum fünften Zentrum bestehen nicht nur über die Zahl Fünf allein. Der Fünfstern selber wirkt sehr dynamisch, fast aggressiv, was sich leicht mit dem Kriegsgott Mars und seiner Farbe rot verbinden lässt. Gerade im Bereich der Militärabzeichen finden Fünfsterne häufig Verwendung.

Das Metall zum Mars ist das Eisen. Im Blut des Menschen gibt es das Hämoglobin in den roten Blutkörperchen. Es besitzt in zentraler Position ein Eisenatom, umringt von vier Stickstoffatomen, ähnlich angeordnet wie die fünf Würfelaugen.

Heinz Grill [15, S. 270] schreibt zur Bedeutung des fünften Zentrums:

> *„Diese Unabhängigkeit im mentalen Bewusstsein entspricht zunächst, wenn man sie den cakrāḥ zuordnet, dem fünften Energiezentrum am Kehlkopf, das bezeichnenderweise die Kraft zur Loslösung vom Alten und die Möglichkeit zum Neubeginn in der Gegenwart des gedachten und eigenständig erwogenen und in Beziehung geführten Gedankens beinhaltet."*

Die zusätzlichen Möglichkeiten der Innen- und Außenstruktur beim Fünfeck gegenüber dem Viereck oder beim Daumen gegenüber den anderen vier Fingern sind doch bemerkenswert. Charakteristisch ist eine hinzukommende Bewusstheit, die jedoch nicht von alleine da ist, sondern aus eigenem Entschluss immer wieder geübt und weiter verstärkt werden muss, damit das Neue sich entwickeln und in Mensch und Welt hereinkommen kann.

Auf bildlich-mythologische Weise wurde das schon vor Jahrtausenden ähnlich aufgefasst. Denn nach Plutarch [7, S. 400] stand für die alten Ägypter die Fünf beim rechtwinkligen Dreieck in Verbindung mit dem Neuen.

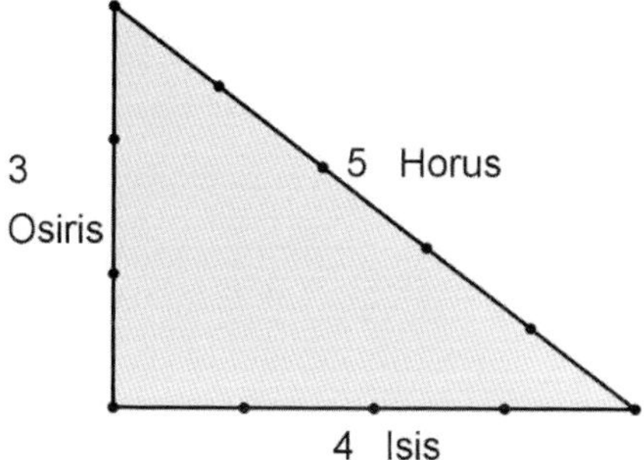

Die senkrechte, von oben nach unten verlaufende Dreiheit wurde gedacht als das Männliche, Väterliche, repräsentiert durch die Gottheit Osiris, die waagrecht liegende Vierheit als das Weibliche, die Göttermutter Isis. Die zum Ursprung zurückkehrende, von beiden erzeugte, neu entstandene Fünfheit war das göttliche Horus-Kind, auf das große Zukunftshoffnungen gerichtet waren. Die Fünf und ihre Bilder stehen mit dem lebendigen, freien, handelnden und sich entwickelnden Menschen in Verbindung. Der tiefste Sinn des Fünfsterns bleibt nach Steiner [27, S. 200, zum Christbaum] jedoch geheimnisvoll:

> *„Endlich alles, was das Weltall durchsetzt und was da ist als der Mensch, ist bezeichnet in dem Symbol des Pentagramms, das uns von der Spitze des Baumes herunter grüßt. Der tiefste Sinn des Pentagramms darf jetzt nicht besprochen werden. Es zeigt uns den Stern der sich entwickelnden Menschheit. Es ist der Stern, das Symbol des Menschen, dem alle Weisen folgen, so wie ihm in Vorzeiten die Priesterweisen folgten. Es ist der Sinn der Erde, der große Sonnenheld, der geboren wird in der Weihe-Nacht, weil das höchste Licht aus der tiefsten Finsternis herausstrahlt."*

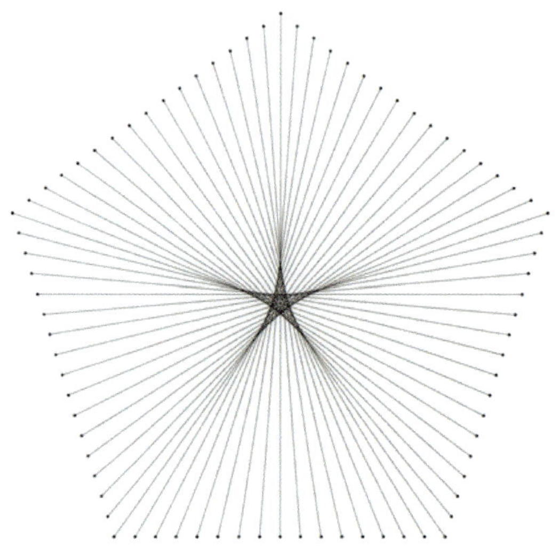

Bei dieser Fadenkonstruktion entsteht im Inneren ein feiner Fünfstern

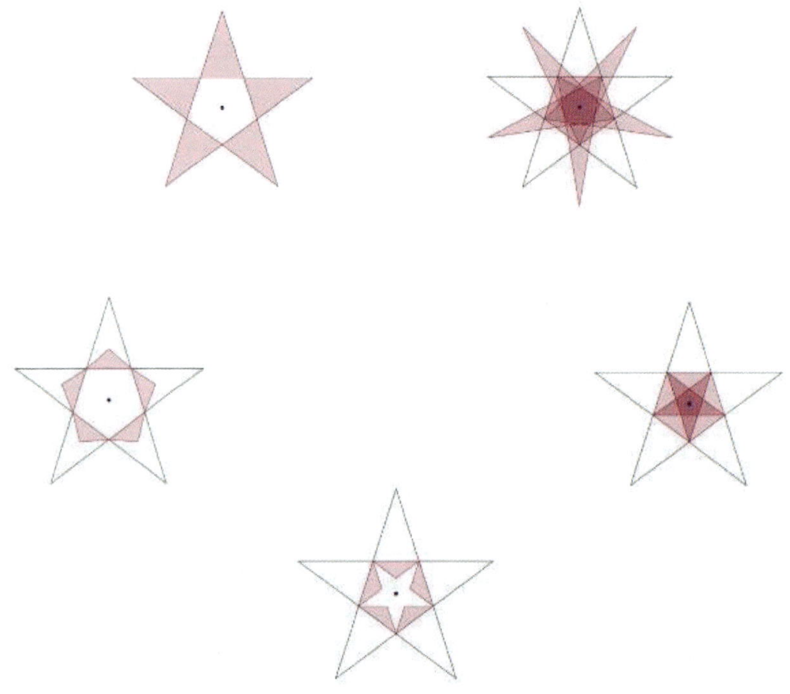

Metamorphose des Fünfsterns

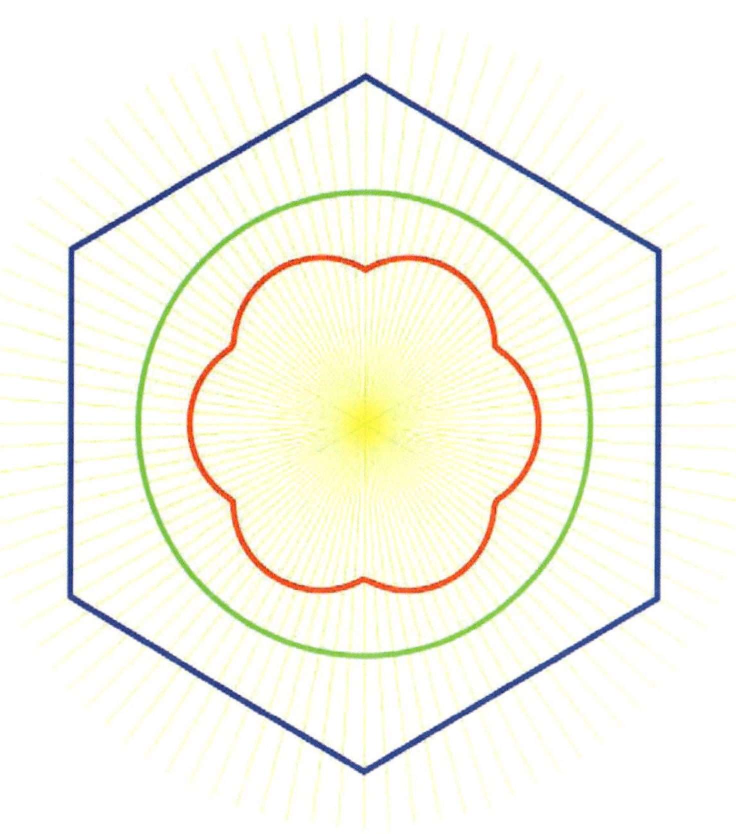

Der Mensch braucht diese Kraft,
diese Kieselsäurekraft,
die die Kraft ist,
sechseckige Gestaltungen
hervor zu bringen.

Rudolf Steiner [38, S. 169]

6

Nehmen Sie gleich große Münzen und legen Sie diese an eine mittlere an, so dass sie sich gegenseitig berühren. Ist es nicht erstaunlich, dass die letzte Münze ganz genau dazu passt?

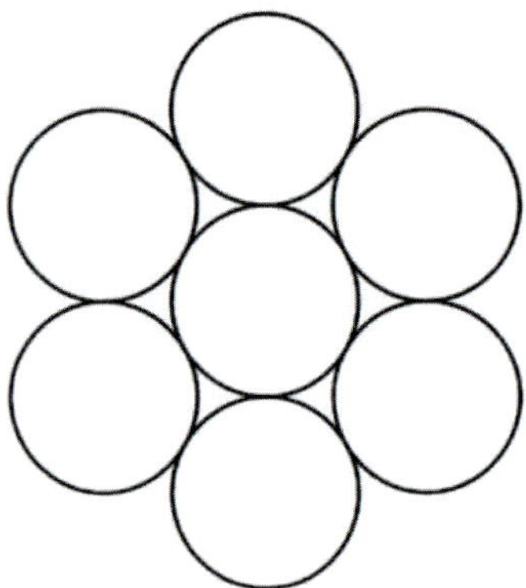

Werden Sie sich Ihres Staunens bewusst, bevor Sie zur mathematischen Begründung weiterschreiten, die daraus etwas Zwangsläufiges macht.

Teilt man den Mittelpunktswinkel von 360° durch 6, so ergibt sich 60°. D. h., für die anderen beiden Dreieckwinkel bleiben 180° - 60° = 120°. Da beide gleich groß sind, sind sie auch jeweils 60°. Das Sechseck lässt sich also in sechs gleichseitige Dreiecke zerlegen. Das Sechseck passt damit perfekt zum Kreis, seine Seitenlänge ist genau der Kreisradius. Wählt man als Kreisradius die halbe Dreieckseite, so erhält man die Figur mit sechs Kreisen um einen siebten.

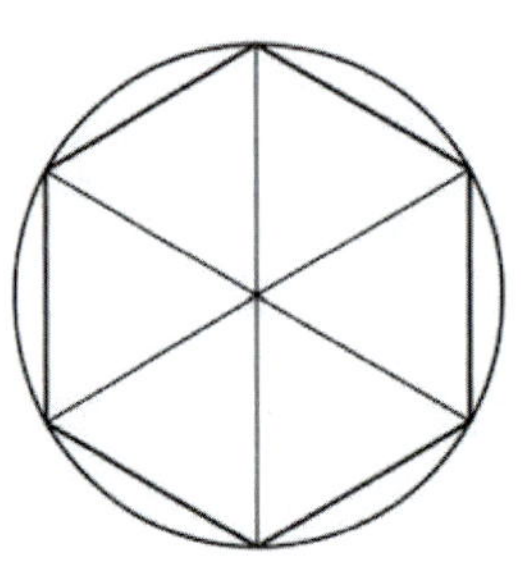

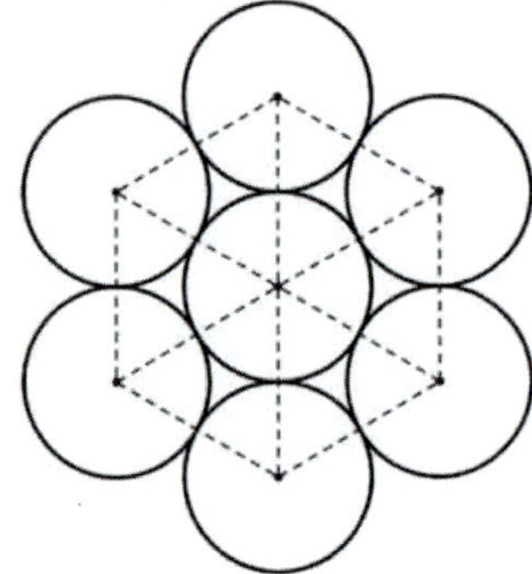

Die Zahl Sechs hat einige bemerkenswerte Eigenschaften. $6 = 1 \cdot 2 \cdot 3 = 1+2+3$, d. h. Sechs ist eine Dreieckzahl. Außerdem lässt sich 6 genau durch 1, 2, 3 und 6 ohne Rest teilen, wobei 6 selber als unechter Teiler gilt. Damit ist die Zahl Sechs die Summe ihrer echten Teiler. Ein anderes Beispiel dafür ist $28 = 1+2+4+7+14$. Solche Zahlen werden vollkommen genannt. Die fünf kleinsten sind 6, 28, 496, 8128 und 33 550 336. Bis zum Jahr 2022 sind erst 51 vollkommene Zahlen gefunden worden. Es ist noch unbekannt, wie viele vollkommene Zahlen es gibt und ob alle gerade sind.

Geometrische Bilder zur Sechs sind das Sechseck, der Sechsstern oder Davidstern und der Sechsstrahl.

Der Sechsstern kann aus zwei Dreiecken zusammengesetzt vorgestellt werden, eines mit der Spitze nach oben und eines mit der Spitze nach unten. Im Gegensatz zum Fünfstern kann er nicht in einem Rutsch gezeichnet werden. Sechs zerfällt in zwei getrennte Dreiheiten, Sechs ist die verdoppelte Drei, $6 = 2 \cdot 3$. Die beiden Dreiecke werden oft symbolisch gedeutet als aufstrebende und herabkommende Kräfte oder als männliche und weibliche, die im Sechsstern in der ausgeglichenen Harmonie einer gemeinsamen Mitte verbunden sind. Im Inneren enthält der Sechsstern wieder ein Sechseck. Seine Zacken sind gleichseitige Dreiecke.

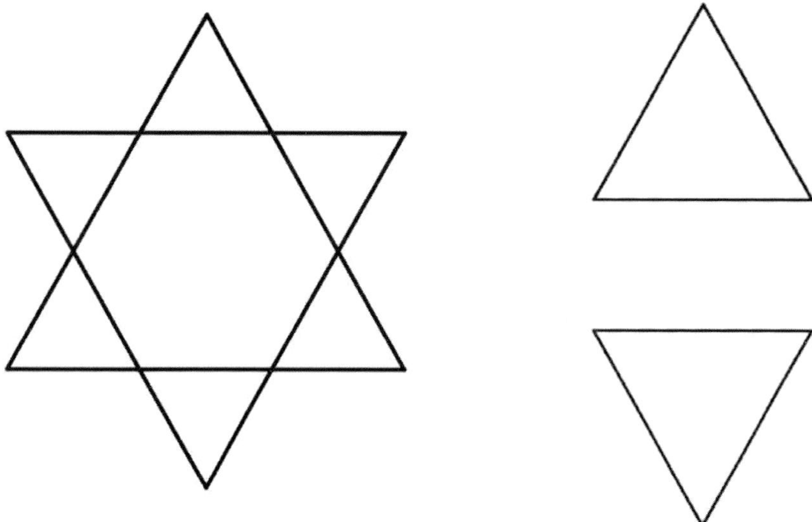

Lilienblüte

Sechs ist eine gerade Zahl wie auch vier. Bei einem regelmäßigen Vieleck mit gerader Eckenzahl sind immer je zwei Seiten parallel, was einen geordneten, ruhigen, ausgewogenen Eindruck macht. Anders ist es bei Vielecken mit ungerader Eckenzahl. Hier gibt es keine parallelen Seiten, was eine Spannung erzeugt. Die Vielecke mit gerader Eckenzahl haben mehr Symmetrien als die mit ungerader Eckenzahl. Sie haben eine waagrechte und eine senkrechte Symmetrieachse, die mit ungerader Eckenzahl nur eine senkrechte. Werden die Vielecke mit ungerader Eckenzahl mit einer waagrechten Grundseite unten und einer Ecke oben positioniert, so haben sie an der Spitze einen höchsten Punkt. Das erweckt den Eindruck einer Orientierung nach oben, während die Vielecke mit zwei waagrechten Seiten mehr in die Breite orientiert sind und nach oben hin eher abgeschlossen wirken. Stellt man ein Quadrat oder Sechseck auf eine Ecke, so wirkt es leichter, aber gleichzeitig wird das Gleichgewicht instabil, es könnte jederzeit nach links oder rechts kippen. Diese Position passt also besser zu einem schwebenden Objekt.

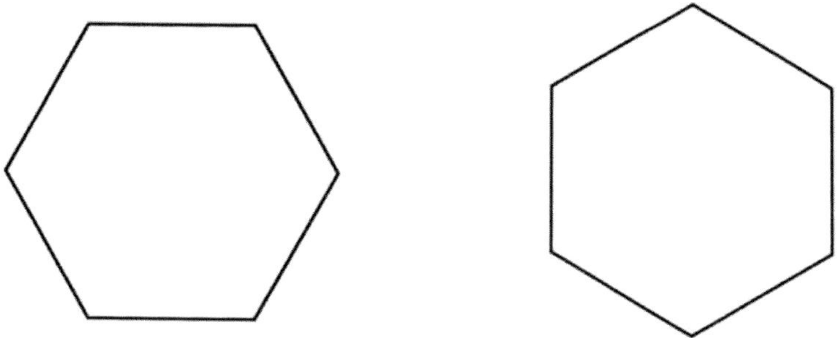

Das Sechseck hat für mich eine elegante Form, insbesondere auf der Spitze stehend. Die Sechs vereinigt als gerade Zahl die klare Ordnung der parallelen Seiten mit der Dynamik der Zahl Drei. Ein Sechseck hat mit seinen 120° Winkeln eine mehr ausladende, großzügigere, schon dem Kreis ähnlichere Form als ein Quadrat. Vielleicht nur unbewusst nimmt der Betrachter die verschiedenen harmonischen Proportionen im Sechseck wahr und dass sich die Sechsecke lückenlos aneinanderreihen lassen. In dieser Hinsicht sind die Sechsecke so perfekt wie Quadrate oder Dreiecke.

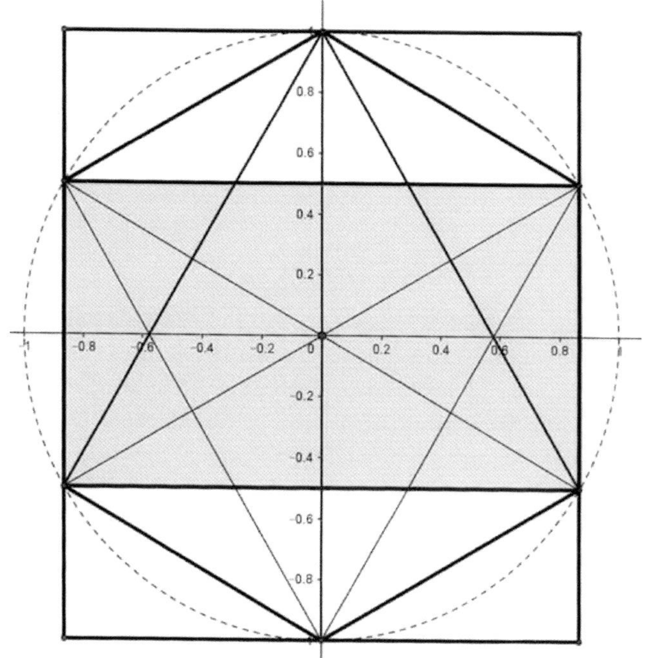

Ein Sechseck im Kreis mit Radius 1 hat die Seitenlänge 1, die längere Diagonale ist ein Durchmesser mit Länge 2, die kürzere Diagonale hat Länge $\sqrt{3} \approx 1{,}73$. Die Fläche des Sechsecks beträgt $1{,}5 \cdot \sqrt{3} \approx 2{,}6$ und ist genau doppelt so groß wie die beiden Dreiecke des Sechssterns. Die Fläche des Rechtecks R_a um das Sechseck herum ist doppelt so groß wie die Fläche des Rechtecks R_i innen im Sechseck. Zusammen mit den Flächenproportionen R_a : Sechseck = 4 : 3 und Sechseck zu R_i = 3 : 2 sind das die musikalischen Intervalle Oktav, Quart und Quint, die auch in der Tetraktys enthalten sind.

Bienenwabe

Bienenwaben haben eine sechseckige Form. Warum machen die Bienen nicht einfach Quadrate? Ein Vorteil der Sechsecke liegt in der Ersparnis an Baumaterial. Das kleinste, also günstigste Verhältnis von Umfang zu Fläche wäre beim Kreis erreicht. Allerdings überdecken Kreise die Ebene nicht lückenlos. Unter allen regelmäßigen Formen, die lückenlos die Ebene überdecken, d. h. Dreiecke, Quadrate und Sechsecke, sind die Sechsecke am kreisähnlichsten. Sie haben die kleinste Randlänge und somit den geringsten Materialverbrauch für die Wände. Umgekehrt ist die Risslänge von langsam abkühlendem Basalt am kürzesten bei sechseckigen Formen, weshalb diese bevorzugt in der Natur vorkommen, was am Giant´s Causeway in Nordirland besonders schön zu sehen ist:

Im Mineralischen fällt der durchsichtige Bergkristall oder Quarz, chemisch Siliziumdioxid SiO_2, mit seinem nicht ganz regelmäßigen sechseckigen Querschnitt auf. Ein älteres Wort für verschiedene Siliziumverbindungen ist Kiesel. Silizium ist ein Element, das sehr häufig vorkommt. Es ist in Sand, Sandstein, Granit, Gneis und anderen Gesteinen enthalten. Heinz Grill [15, S. 134] schreibt dazu:

> *„Warum bilden sich am Bergkristall, welcher der klassische äußere Ausdruck für den Kiesel darstellt, sechseckige Strukturformen? Die Antwort auf diese Frage lautet, dass im Lichte wundersame Schöpferkräfte leben, und diese tragen zu Strukturierungen bei. ... Die Sonne sendet ihr Licht auf die Erde und es sind drei untersonnige und drei übersonnige Planeten, die in diesem Prozess des Lichtes mitwirken. Auf diese Weise ist das Licht von sechs Kräften umrahmt."*

Rudolf Steiner [33, S. 74f] verbindet das Licht wiederum mit den Gedanken:

> *Der Mensch hat am äußeren Lichte ein gewisses Erlebnis. Dasselbe Erlebnis, das der Mensch durch die sinnliche Anschauung des Lichtes in der äußeren Welt hat, hat er gegenüber dem Gedankenelemente des Hauptes für die Imagination. So dass man sagen kann: Das Gedankenelement, objektiv geschaut, wird als Licht geschaut, besser gesagt, als Licht erlebt. – Wir leben, indem wir denkende Menschen sind, im Lichte.*

Die Ahnung des Volksmunds geht in die gleiche Richtung, wenn jemand sagt: *„Mir geht ein Licht auf!"* oder wenn von Umnachtung und lichten Momenten oder von kristallklaren Gedanken gesprochen wird.

Wird nicht nur eine Ecke übersprungen wie beim Sechsstern, der in zwei Dreiecke zerfällt, so entsteht ein weiterer Stern, der Sechsstrahl, der nur aus drei Strichen besteht: $6 = 3 \cdot 2$. Er ist ganz Strahl, wie das Licht, ohne eine Fläche. Nach Kükelhaus [20, S. 122] soll *„der Sechsstrahl das Leichte und das Schöpferische bedeuten"*.

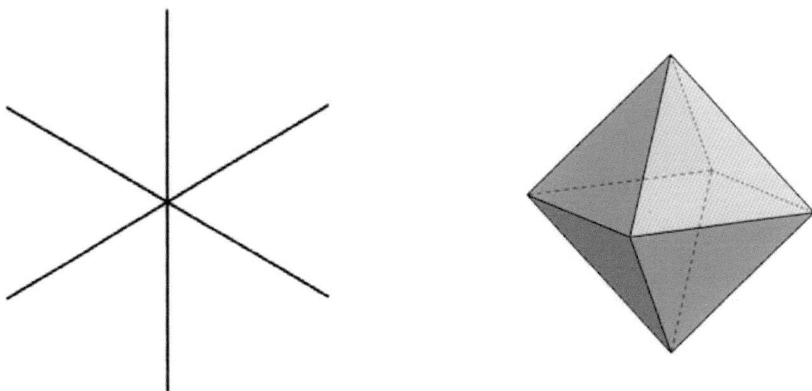

Der Sechsstrahl könnte auch als drei im Raum aufeinander senkrecht stehende Achsen angesehen werden. Verdoppelung der drei Raumdimensionen ergibt sechs. Dadurch steht der Sechsstrahl in enger Verbindung zum Oktaeder mit seinen sechs Ecken. Die Sechs tritt ebenfalls beim Würfel auf.

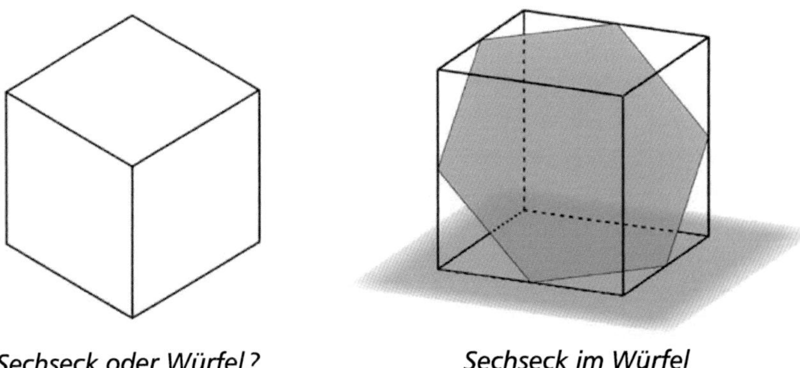

Sechseck oder Würfel? *Sechseck im Würfel*

Hervorzuheben sind auch die sechsstrahligen oder sechseckigen, immer unterschiedlich geformten Schneekristalle. Hier sind einige Fotos aus der großen Sammlung von Wilson Bentley:

Fadenkonstruktionen aus dem Sechseck

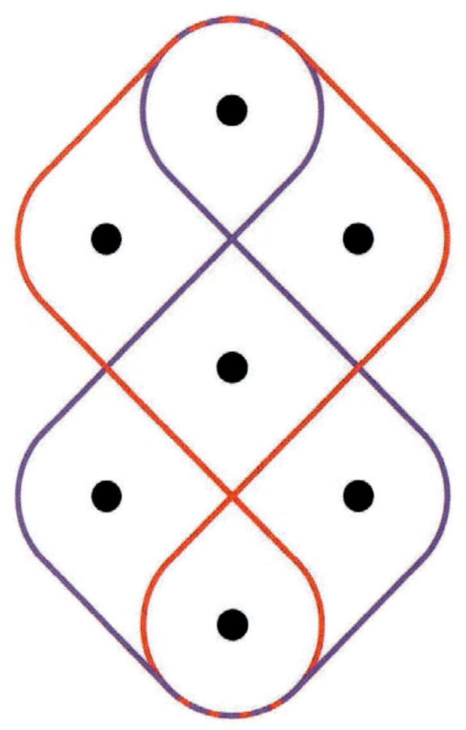

Nun beruht ja alle Entwickelung auf einem Fortschreiten in sieben Stufen.

Rudolf Steiner [34, S. 95]

7

Die Zahl Sieben nimmt in vielen Kulturen einen besonderen Rang ein. Wir kennen sie aus der biblischen Schöpfungsgeschichte, nach der Gott die Welt in sechs Tagen schuf und am siebten Tag ruhte, und aus der Apokalypse des Johannes, dem „Buch mit sieben Siegeln". Die Sieben hat eine besondere Rolle in Märchen wie „Der Wolf und die sieben Geißlein" oder „Das tapfere Schneiderlein", aus dem der Ausspruch „Sieben auf einen Streich" stammt. Wir sprechen vom siebten Himmel, den Siebensachen, von Siebenmeilenstiefeln, sieben Weltmeeren ... Es gibt Filmtitel wie „Die sieben Samurai", Fußballer tragen die Nummer 7 und auch im Kinderlied heißt es: „Wer will guten Kuchen backen, der muss haben sieben Sachen". Ein Regenbogen hat sieben Farben und unsere Tonleitern haben sieben Töne, ehe der achte Ton, die Oktave, den Grundton auf höherer Stufe wiederholt. Diese Aufzählung ließe sich noch fortführen. Und merkwürdigerweise ist Sieben das erste Zahlwort in der deutschen Sprache, das zweisilbig ist, und auch das einzige unter den ersten zwölf.

Aber warum gerade Sieben und nicht Sechs oder Acht oder eine andere Zahl? Was hat es mit der Sieben auf sich? Was macht sie so besonders? Wie und wo ist historisch gesehen die besondere Rolle der Sieben entstanden?

Historisches: Mesopotamien

Die wohl frühste Quelle, in der die Sieben eine besondere Rolle spielt, ist das sumerische Gilgamesch Epos, das etwa in der Zeit 2400 – 1800 v. Chr. im Zweistromland entstanden ist und auf Tontäfelchen niedergeschrieben wurde. Es enthält Verse wie: *„Die sieben Stadttore von Uruk verriegelte er."* oder *„Trank den Rauschtrank – der Krüge sieben."* Weitere Beispiele für die Sieben in der etwas späteren babylonischen Kultur sind die sieben Himmel, die sieben kosmischen Türme mit sieben Stufen, die sieben Tore der Unterwelt, die sieben Locken des Gilgamesch ... Die sieben Himmel hängen zusammen mit den sieben gegenüber den Fixsternen beweglichen, mit bloßem Auge sichtbaren Himmelskörpern, also neben Sonne und Mond den Planeten Merkur, Venus, Mars, Jupiter und Saturn. Alle die genannten Beispiele sprechen der Sieben eine zentrale Wichtigkeit zu.

Das babylonische Zahlsystem war nicht ein Zehnersystem, wie wir es benutzen, sondern es basierte auf der Zahl 60. Vor allem in der Zeitmessung ist das heute noch erhalten; eine Stunde wird unterteilt in 60 Minuten, eine Minute in 60 Sekunden. Gegenüber der 10 hat die 60 den Vorteil, dass sie auch durch 3, 4 und 6 ohne Rest teilbar ist. Die kleinste Zahl, die nicht Teiler von 60 ist, ist die 7. Damit eng verwandt ist die Tatsache, dass sich 1/7 im Sexagesimalsystem nicht als endlicher Bruch schreiben lässt, im Gegensatz zu 1/2, 1/3, 1/4, 1/5, 1/6 sowie 1/8, 1/9 und 1/10. Entsprechend lässt sich 1/3 = 0,333... im Dezimalsystem nicht als endlicher Bruch schreiben. Durch die Sieben kommt also erstmalig etwas Neues herein und sprengt das sonst so glatt aufgehende System. Die Zahl $360 = 6 \cdot 60$, die ungefähr die Zahl der Tage eines Jahres angibt, lässt sich zudem durch 8 und 9 teilen, also durch die ersten zehn Zahlen, außer durch 7.

Die von den Babyloniern geschickterweise verwendete Zahl 60 gehört nach heutiger Betrachtung zu den sogenannten hochzusammengesetzten Zahlen. Das sind Zahlen, die mehr Teiler besitzen als jede kleinere Zahl. Z. B. die Zahl 60 hat die 12 Teiler 1, 2, 3, 4, 5, 6, 10, 12, 15, 20, 30 und 60. Die folgende Tabelle gibt die ersten 13 hochzusammengesetzten Zahlen an:

Zahl	1	2	4	6	12	24	36	48	60	120	180	240	360
Anzahl Teiler	1	2	3	4	6	8	9	10	12	16	18	20	30

Die Sonderstellung der Sieben war für die Babylonier vermutlich ambivalent, mit vielen positiven Aspekten, aber auch negativen. Die Erwähnungen im Gilgamesch Epos sprechen deutlich für die positive Sicht. Die Stadt Uruk wäre sicher nicht mit sieben Toren gebaut worden, wenn sieben eine unheilvolle Zahl gewesen wäre. Andererseits haftete der Sieben damals auch etwas Negatives an. Es gab wohl zwei Siebenergruppen von Dämonen, Schebettu oder Sabettu genannt – der Name beinhaltet das Wort für sieben –, von denen die eine Gruppe günstig gesonnen war, die andere ungünstig. Im Kalender des babylonischen Herrschers Hammurapi im 18. Jahrhundert v. Chr. galt der 7., 14., 21. und 28. Tag jeden Monats als Ruhetag „Schabattu“. Waren das Unglückstage, an denen man besser nichts unternahm?

Der Name erinnert an den Sabbat, den strengen Ruhetag der Juden. Die Begründung für die Ruhe liegt aus jüdischer Sicht im Handeln Gottes. Denn nach der biblischen Schöpfungsgeschichte schuf Gott in sechs Tagen die Welt und ruhte am siebten.

In seiner Schrift: „Die Siebenzahl im Geistesleben der Völker“ vertrat Ferdinand von Andrian-Werburg 1901 die Ansicht, dass die Sonderstellung der Sieben in der sumerisch-babylonischen Kultur entstanden ist und sich mit der Zeit in viele Kulturen verbreitet hat, sicherlich mit Unterstützung der jüdischen und christlichen Religion. Reinhard Schlüter bezweifelt dies. Er hält eine astronomisch-schamanistische Erklärung, die den Ursprung nicht nur in das Zweistromland, sondern in weite Bereiche der nördlichen Erdhalbkugel verlegt, für älter und plausibler.

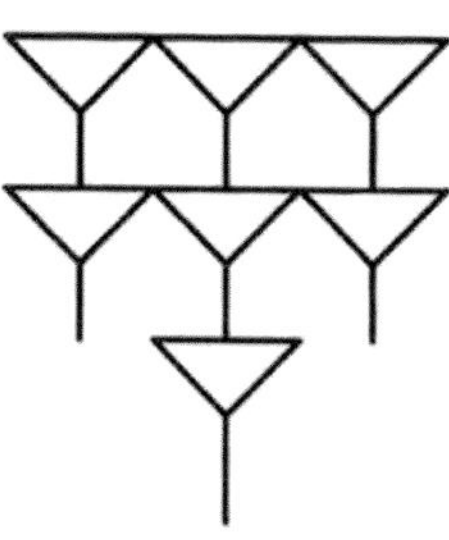

7 in Keilschrift

Nach Schlüter ist ein wesentliches Element der schamanischen Kultur der Nordhalbkugel die Vorstellung einer Mittelachse durch die Welten, eines Himmelsbaums, der zum Himmelspol, dem Drehpunkt der Sterne in ihrem Verlauf während einer Nacht hinwies. Derzeit ist der sogenannte Polarstern im Sternbild Kleiner Wagen sehr nahe am nördlichen Himmelspol. Dieser Stern kann über die Verlängerung der „Rückwand“ des Großen Wagens leicht gefunden werden. Der Polarstern gibt die Nordrichtung an und war früher für die Orientierung an Land und zur See unentbehrlich.

Dieser nächtliche Drehpunkt verändert seine Position gegenüber den Sternbildern im Verlauf von Jahrtausenden, was Präzession genannt wird. Nach einem sogenannten Platonischen Weltenjahr von etwa 25 800 Jahren ist der Himmelspol wieder beim selben Stern.

Zur frühen sumerischen Zeit um das Jahr 2800 v. Chr. lag der nördliche Himmelspol nahe beim Stern Thuban (= α Draconis) im Sternbild Drache. Davor war viele Jahre kein heller Stern nahe am nördlichen Himmelspol. Thuban steht in der Mitte zwischen dem Kleinen und dem Großen Wagen, beide mit je sieben Sternen. Insbesondere der Große Wagen zählt zu den auffälligsten Sternbildern am nördlichen Sternenhimmel. Denn der Große Wagen besitzt sehr helle Sterne und ist in den mittleren und nördlichen Regionen der nördlichen Halbkugel die ganze Nacht über sichtbar.

In beiden Sternbildern, dem Kleinen und Großen Wagen, bilden sieben einzelne Sterne ein größeres Ganzes. Einige Sterne sind heller, andere weniger hell, aber keiner hat innerhalb des Sternbilds eine zentrale Stellung (abgesehen vom heutigen Platz des Polarsterns als Drehpunkt der nächtlichen Sternbewegung).

Im Gegensatz dazu beinhaltet die biblische Schöpfungsgeschichte zusätzlich das Motiv der Entwicklung. Die Handlung des jeweils folgenden Tages baut auf dem bis dahin Erreichten auf. Nach sieben Tagen ist die Schöpfung vollendet.

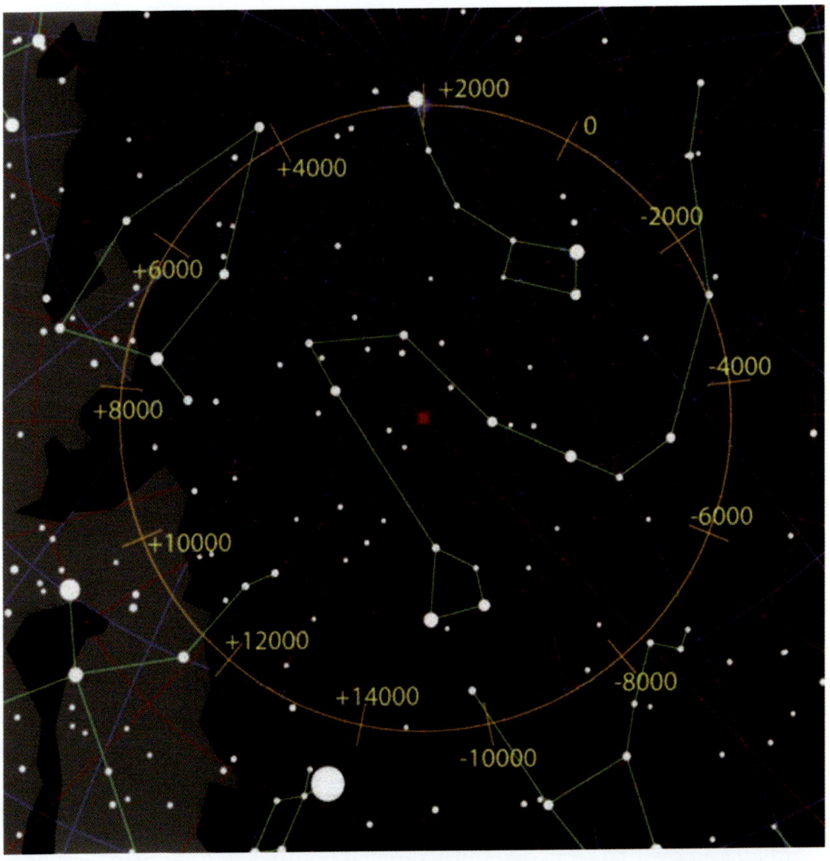

Der orangefarbene Kreis gibt den Ort des nördlichen Himmelspols an, der zur Zeit (+2000 heißt im Jahr 2000 n. Chr.) sehr nahe beim Polarstern ist. In einem Platonischen Weltenjahr von ca. 25 800 Jahren durchläuft der Himmelspol einmal den Kreis und erreicht wieder dieselbe Stelle.

Philon von Alexandria

Ein jüdischer Denker der Antike, der die Sieben in den höchsten Tönen gelobt hat, war Philon von Alexandria (ca. 15 v. Chr. – nach 40 n. Chr.). Auf deutsch lautet der Beginn von § 90 seiner Schrift „Über die Schöpfung der Welt" so: *„Und ich weiß nicht, ob irgend jemand dazu in der Lage wäre, das Wesen der Zahl Sieben gebührend zu feiern, denn sie ist erhabener als jede Ausdrucksform."* Dafür erbringt er eine Vielzahl an Belegen aus dem damaligen Weisheitsschatz, unter anderem die folgenden.

Er bemerkt, dass das siebte Glied einer Zahlenfolge, bei der ausgehend von 1 immer mit derselben Zahl multipliziert wird, die besondere Eigenschaft aufweist, zugleich eine Quadratzahl, also ein Maß für die Flächengröße eines Quadrats, und eine Kubikzahl, also ein Maß für das Volumen eines Würfels zu sein. Ein Beispiel: Nimmt man als Multiplikator die 2, so erhält man die Zahlenfolge 1, 2, 4, 8, 16, 32, 64, … Das siebte Folgenglied ist $64 = 8^2 = 4^3$. Die Zahl 64 beschreibt somit die Fläche eines Quadrats der Seitenlänge 8 und gleichzeitig das Volumen eines Würfels mit Kantenlänge 4. Mit Hilfe der heute bekannten Potenzgesetze ist das klar. Bei wiederholter Multiplikation mit der Zahl a lautet die Folge allgemein:
$1\ (= a^0)$, $a\ (= a^1)$, a^2, a^3, a^4, a^5, a^6, … Das siebte Glied ist a^6, $a^6 = (a^2)^3 = (a^3)^2$.

$7 = 1+2+4$, wobei 1, 2 und 4 nach Philon in besonders harmonischer Proportion stehen. Musikalisch entspricht eine Verdoppelung der Saitenlänge einem Ton, der um eine Oktave tiefer als der Ausgangston liegt. Mit $7 = 3+4$ erinnert Philon an den Sonderfall des rechtwinkligen Dreiecks mit Seitenlängen 3, 4 und 5, denn $3^2 + 4^2 = 5^2$.

Philon misst der Sieben unter den ersten zehn Zahlen eine Sonderrolle zu, denn die Sieben *„erzeugt weder, noch wird sie erzeugt"* (§ 100), in dem Sinn, dass sieben nicht das Produkt anderer Zahlen ist, im Gegensatz zu $6 = 2 \cdot 3$, und auch selbst kein Vielfaches unter den ersten zehn Zahlen besitzt, im Gegensatz zu 2, das die Vielfachen 4, 6 und 8 hat. Daher wird die Sieben verglichen mit der jungfräulichen Göttin Athene, die mutterlos dem Haupt des Zeus entsprungen ist. Philon verweist auf den Pythagoräer Philolaos (etwa 470 v. Chr. – nach 399 v. Chr.), der die Sieben allgemein mit dem Göttlichen vergleicht, indem er ‚erzeugen' mit ‚bewegen' gleichsetzt und annimmt, dass das Göttliche weder bewegt wird noch sich bewegt.

Zählt man die ersten sieben Zahlen zusammen, 1+2+3+4+5+6+7, so erhält man 28. Bildlich-geometrisch gesehen ist das die siebte Dreieckzahl. Die Zahl 28 hat die besondere Eigenschaft, dass die Summe ihrer echten Teiler wieder 28 ergibt, 1+2+4+7+14 = 28. Solche Zahlen werden vollkommen genannt.

Philon kommt dann auf den athenischen Gesetzgeber Solon (640 v. Chr. – 559 v. Chr.) zu sprechen, der in einem Gedicht das menschliche Leben in zehn Siebenjahresperioden aufteilt. In jeder dieser Perioden herrscht ein Thema vor, das in sieben Jahresschritten ausgearbeitet wird. Nach diesen sieben Jahren wird eine Schwelle überschritten. Laut Solon wachsen nach sieben Jahren die zweiten Zähne, mit 14 ist der Jugendliche in der Pubertät, mit 21 wird er erwachsen. Im vierten Jahrsiebt gelangt er zu seiner vollen Kraft, im fünften ist die Zeit der Familiengründung, im sechsten kommt er zur Reife seines Verstandes: *„Nimmer zu unnützem Tun treibt ihn hinfort noch der Mut"*. Im siebten und achten Jahrsiebt nimmt die Weisheit des Denkens und der Rede noch zu, um dann im neunten und zehnten Jahrsiebt wieder abzunehmen, wonach Solon sagt: *„Kaum zur Unzeit wärs, träf ihn die Neige des Tods."*

Philon findet die Sieben verschiedentlich am Menschen. Z.B. nennt er als sieben Körperteile Kopf, Brust, Bauch, zwei Arme und zwei Beine oder als sieben Ein- und Ausgänge am Kopf zwei Augen, zwei Ohren, zwei Nasenlöcher und den Mund. Er hat beobachtet, dass Siebenmonatskinder bessere Überlebenschancen haben als Kinder, die nach acht Monaten Schwangerschaft geboren werden, und dass sich ein Fieber üblicherweise am siebten Tag zum Besseren oder Schlechteren wendet.

Die sieben freien Künste

Die Zahlen hatten in der Antike einen anderen, mehr bildlichen, symbolischen Stellenwert als heute in der westlichen Welt. Hier hat allenfalls die 13 als Unglückszahl eine größere Bedeutung. Im Gegensatz dazu taucht die Sieben in der Antike vielfach auf. Es wurde von sieben Weltwundern und sieben Weisen gesprochen. Rom wurde auf sieben Hügeln erbaut und wurde in der Anfangszeit von sieben Königen regiert. Im Mithraskult der römischen Kaiserzeit gab es sieben aufeinanderfolgende Einweihungsstufen.

Die freien Künste, die nicht unmittelbar zum Broterwerb dienten, wurden in der Spätantike in sieben Gebiete eingeteilt. Das anfängliche Studium umfasste Grammatik, Rhetorik und Dialektik (sinnvolles, logisches Sprechen), das sogenannte Trivium. Es folgten Arithmetik (Zahlenkunde, Rechnen), Geometrie, Musik und Astronomie.

Geometrisches und Zahlbeziehungen

Die Sieben ist eine ungerade Zahl, sogar eine Primzahl. Das bedeutet, sie hat keine Teiler außer 1 und 7 und sie lässt sich daher nicht als Produkt von zwei kleineren Zahlen darstellen, im Gegensatz zu $15 = 3 \cdot 5$. Die Sieben wird eingerahmt von den beiden geraden Zahlen Sechs und Acht. Die charakteristischen geometrischen Formen sind das Siebeneck und die beiden Siebensterne.

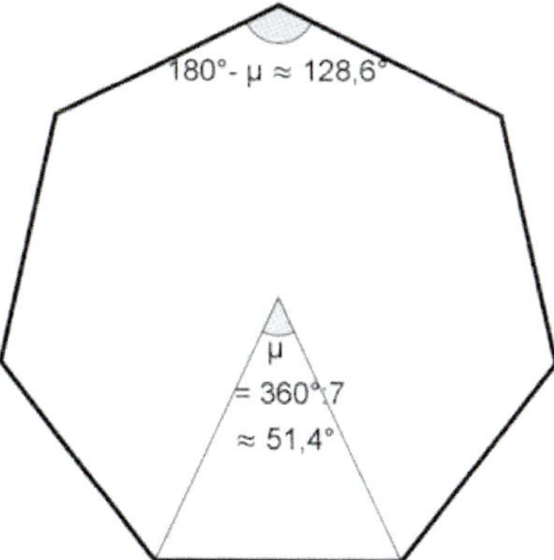

Das Siebeneck

Der Mittelpunktswinkel μ ergibt sich aus 360 : 7 = 51,428571 428571 ..., eine unendliche, periodische Dezimalzahl. Im Gegensatz zum gleichseitigen Dreieck (an den Ecken je 60°), zum Quadrat (90°), zum regelmäßigen Fünfeck (= Pentagon, 108°) und zum regelmäßigen Sechseck (120°) ist das regelmäßige Siebeneck nicht nach den klassischen Regeln mit Zirkel und Lineal konstruierbar. Dabei trägt das Lineal keine Markierungen. Es dient nur dazu, gerade Linien zu erzeugen. Seit der griechischen Antike wurden jedoch verschiedene sogenannte Neusis-Konstruktionen für das Siebeneck gefunden, wobei ein Lineal mit Markierungen verwendet wird.

Betrachten wir die regelmäßigen Vielecke vom Dreieck bis zum Elfeck in stabiler Lage, d.h. jeweils mit waagrechter Grundseite. Es fällt auf, dass das Dreieck viel spitzer als die anderen ist. Bis zum Sechseck sind die Vielecke noch unverwechselbar unterschiedlich und charakteristisch. Für meine Empfindung stellt sich etwa ab dem Siebeneck ein mehr abgerundeter Eindruck ein. Dann werden sie immer runder und nähern sich einem Kreis an. Beim Siebeneck oder spätestens ab dem Neuneck ist die Eckenzahl nicht mehr auf einen Blick zu erfassen und die Vielecke werden immer ähnlicher. Ein Neuneck könnte mit einem Elfeck verwechselt werden.

Die Winkel beim Dreieck, Quadrat und Fünfeck sind noch klein genug, so dass jeweils drei an einer Ecke weniger als 360° ergeben. Sie können an einer räumlichen Ecke auftreten, z.B. drei Quadrate an einer Würfelecke. Drei Sechsecke lassen keine Lücke. Mit Sechsecken kann die Ebene lückenlos ausgefüllt werden, wie es bei Bienenwaben der Fall ist. Drei Siebenecke ergeben $3 \cdot (180° - \mu) \approx 385{,}7° > 360°$, d.h. drei Siebenecke aneinandergelegt führen zu Überlappung.

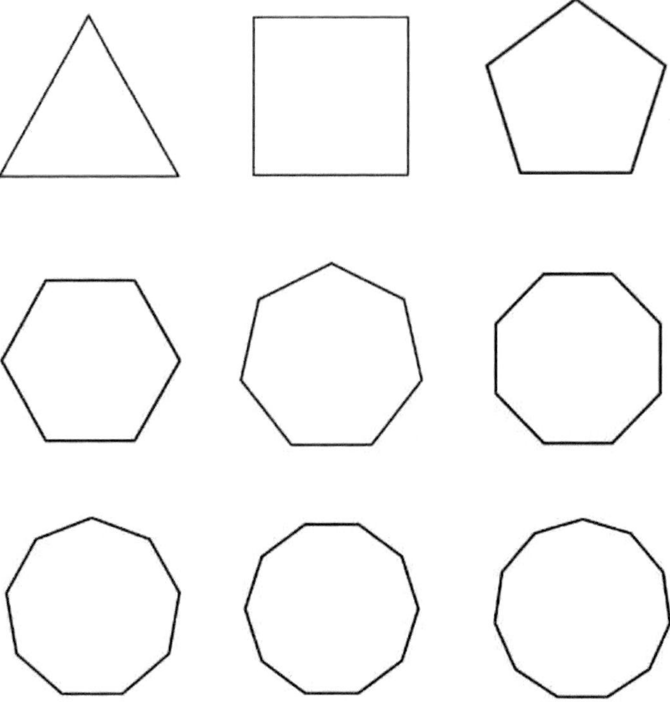

Ein deutlicher Unterschied besteht zwischen Vielecken mit ungerader bzw. gerader Eckenzahl. Die Vielecke mit ungerader Eckenzahl sind oben spitz. Sie haben eine senkrechte, jedoch keine waagrechte Symmetrieachse und betonen dadurch die Richtung nach oben. Dies gilt zumindest bis etwa zum Siebeneck. Mit wachsender Eckenzahl überwiegt der rundende Eindruck. Die Vielecke mit gerader Eckenzahl haben eine waagrechte und eine senkrechte Symmetrieachse. Durch die waagrechte Seite oben wirken sie weniger dynamisch und eher etwas behäbig.

Die Siebensterne

Beide Siebensterne sind zusammenhängend, sie lassen sich zeichnen ohne den Stift abzusetzen. Der stumpfere Siebenstern, gebildet aus der kürzeren Diagonale, bei der eine Ecke übersprungen wird, enthält das Siebeneck. Der spitzere, gebildet aus der längeren Diagonale, bei der zwei Ecken übersprungen werden, enthält sowohl das Siebeneck als auch den stumpferen Siebenstern. Der stumpfe Siebenstern wirkt auf mich weniger angenehm, da die Winkel an den Ecken mit 77,1° etwas kleiner als 90° sind, scheinbar gegenüber liegende Seitenpaare eben doch nicht parallel sind. Halbbewusst sucht das Auge nach geschlossenen Vierecken, die aber nicht da sind.

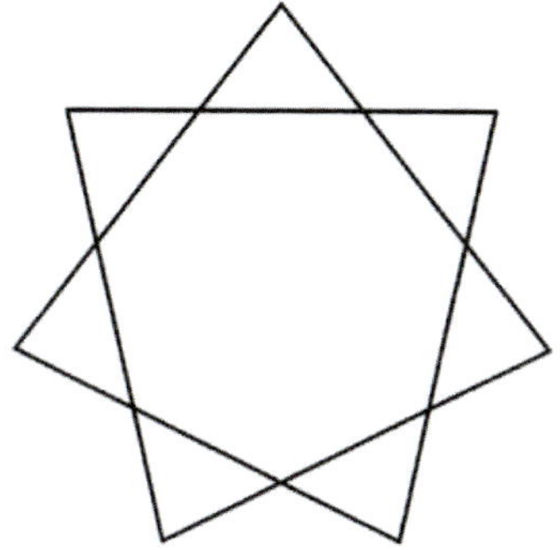

Das Siebeneck mit seinen Diagonalen

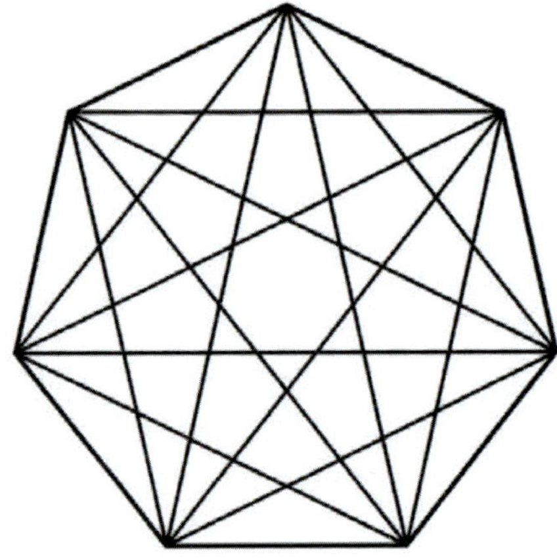

Im Siebeneck mit seinen Diagonalen kommen viele Dreiecke in unterschiedlichen Größen und Formen vor. Ihre Winkel sind jedoch alles Vielfache des Winkels 180°:7 ≈ 25,7° = $\mu/2$ mit dem obigen Mittelpunktswinkel μ.

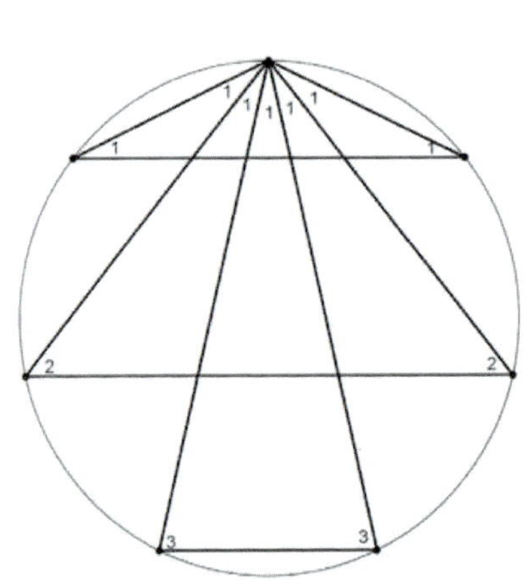

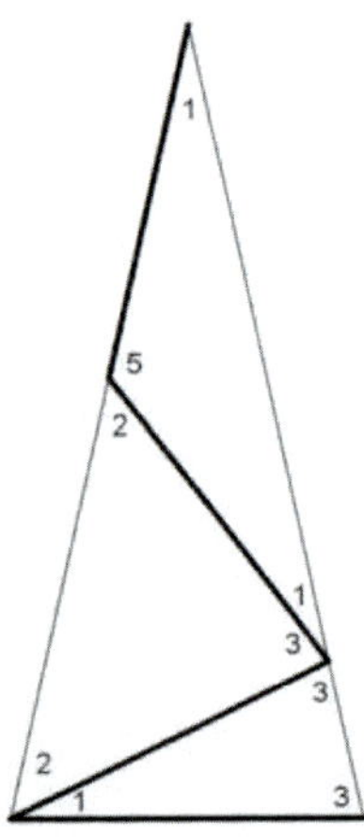

In den beiden Zeichnungen nach Ernst Bindel [5, S. 136f] meint 1 diesen Winkel $\mu/2$, 2 das Doppelte davon und 3 das Dreifache. So zeigen sich die Rhythmen 7 = 1+5+1, 7 = 2+3+2 und 7 = 3+1+3 in den Winkeln. Außerdem treten Dreiecke der Form 7 = 1+2+4 auf, was einen weiteren dreiteiligen Rhythmus erzeugt.

Bezeichnet man im Siebeneck mit Kantenlänge 1 die Länge der kürzeren Diagonalen mit ρ und die längere mit σ, dann sind $\rho \approx 1{,}802$, $\sigma \approx 2{,}247$. Die auftretenden Dreiecke haben folgende Seitenverhältnisse:

Winkel 1:5:1 ⇒ Seiten $1:\rho:1$
Winkel 2:3:2 ⇒ Seiten $\rho:\sigma:\rho$
Winkel 3:1:3 ⇒ Seiten $\sigma:1:\sigma$
Winkel 1:2:4 ⇒ Seiten $1:\rho:\sigma$

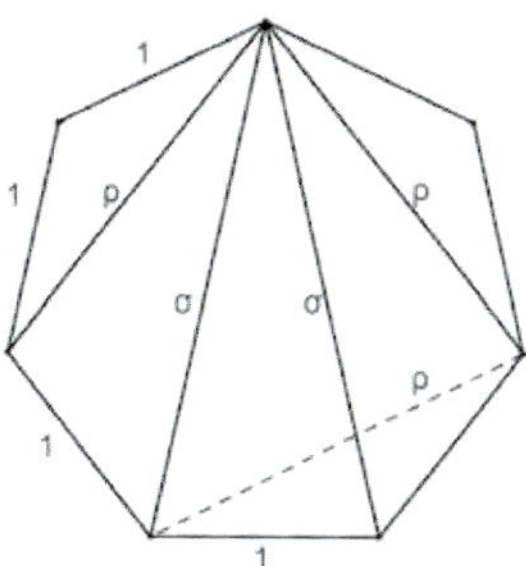

Aus diesen Dreiecken ergeben sich erstaunliche Gleichungen wie:

$$\rho^2 = 1 + \sigma, \qquad \rho\sigma = \rho + \sigma, \qquad \sigma^2 = 1 + \rho + \sigma,$$

die eine Multiplikation durch eine Addition ersetzen. Die Proportionen mit ρ und σ stellen eine Verallgemeinerung des Goldenen Schnitts am Fünfeck dar.

Die Fano-Ebene

Die Fano-Ebene (nach dem Mathematiker Gino Fano benannt) ist eine außergewöhnliche Struktur. Insbesondere ist sie das Minimalmodell einer projektiven Ebene. Sie besteht aus sieben Punkten und sieben sogenannten „Geraden“ in der Art, dass durch jeweils zwei dieser Punkte genau eine „Gerade“ verläuft und jeweils zwei „Geraden“ genau einen gemeinsamen Punkt besitzen.

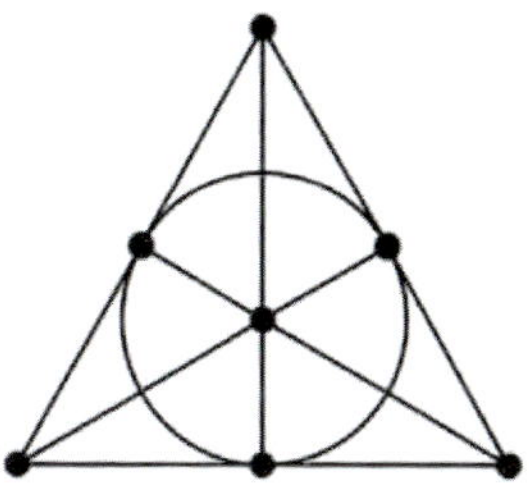

Im Bild werden die „Geraden“ nicht als Geraden im üblichen Sinn dargestellt werden, sondern durch sechs Strecken und einen Kreis. Somit liegen auf jeder „Gerade“ drei Punkte und durch jeden Punkt verlaufen drei „Geraden“.

Albrecht Wintterlin hat nach ästhetischen Darstellungen der Fano-Ebene ohne Überschneidungen geforscht und hat unter anderem diese schönen Möglichkeiten gefunden, wobei er die „Geraden“ aus Kreisbögen und Strecken bildete:

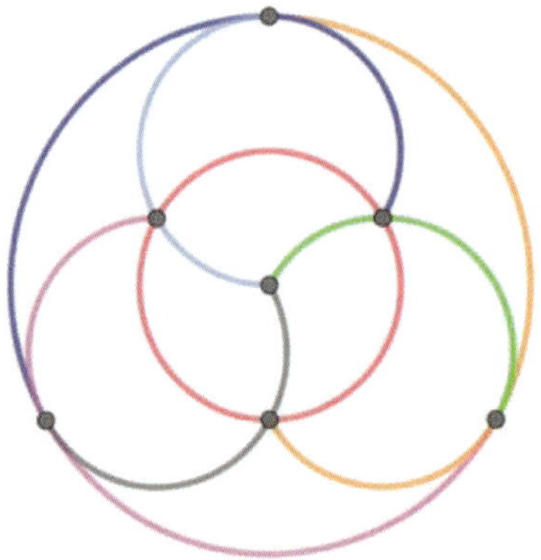

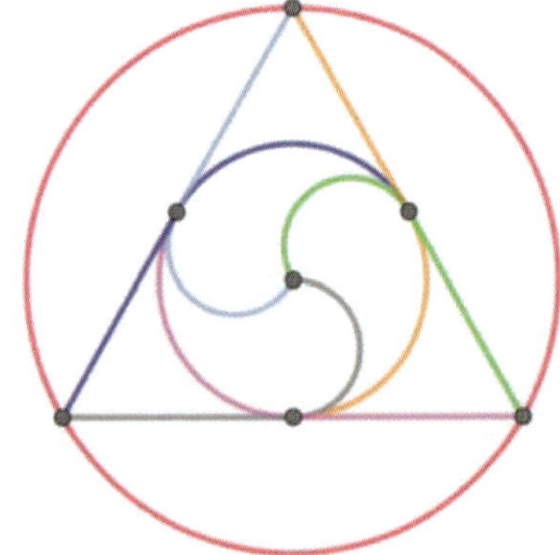

Nur als Stichwort für Mathematiker sei genannt, dass diese geometrische Figur mit Richtungspfeilen auch als Veranschaulichung der Verknüpfung der sieben nichttrivialen Oktonionen-Einheiten dient und somit einen Bezug der Sieben zur Acht herstellt.

Weitere Beziehungen

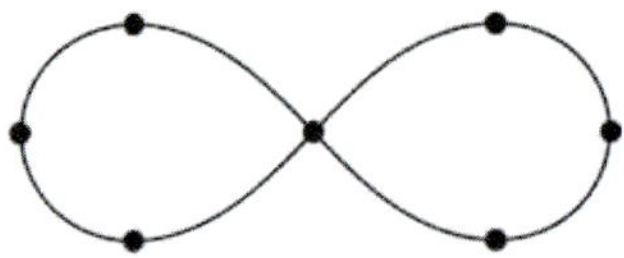

Eine andere Beziehung der Sieben zur Acht ist einfacher. Die Lemniskate, die liegende Ziffer Acht, hat sieben charakteristische Punkte.

Wieder andere Beziehungen bestehen zwischen der Sieben und ihrem Vorgänger Sechs. Sechs gleichgroße Kreise (z. B. gleichartige Münzen) passen perfekt um einen siebten. Die rechte Figur, die manchmal Blume des Lebens genannt wird, besteht aus sechs gleich großen Kreisen durch einen gemeinsamen Punkt, der Mittelpunkt des siebten Kreises ist. Wird beim Sechsstern oder Sechseck der Mittelpunkt hinzugenommen, so haben wir sieben Punkte. Der Sechsstern besteht aus sieben Feldern. Der siebte Kreis, der siebte Punkt und das siebte Feld haben eine Sonderrolle im Vergleich zu den übrigen sechs. $7 = 6+1$.

Wir nehmen Bezug zu unserer räumlichen Umgebung mit den Richtungspaaren vorne – hinten, links – rechts, oben – unten. Zu diesen kann als siebtes die zentrale eigene Position hinzugenommen werden. $7 = 3 \cdot 2 + 1$.

In der projektiven Geometrie spricht man von einem vollständigen Viereck, das neben den ursprünglichen vier Ecken drei weitere Nebenecken enthält. 7 = 4+3.

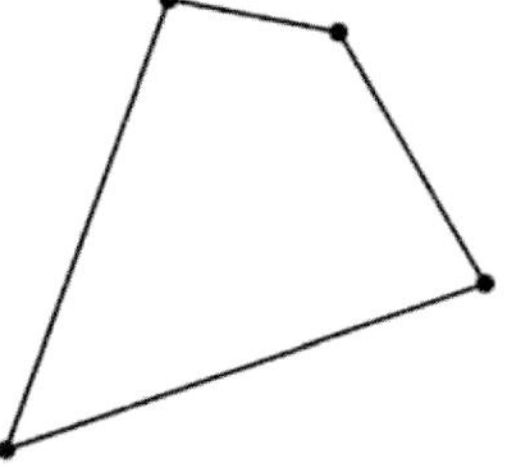

Verlängert man die Seiten des Vierecks, so schneiden sich gegenüberliegende Seiten nun auch. Zusammen mit dem Diagonalenschnittpunkt ergeben die drei neuen Ecken das Nebendreieck. Jeweils vier Punkte auf einer Geraden bzw. vier Geraden durch einen Punkt liegen in der sogenannten harmonischen Lage. Bei der harmonischen Lage von zwei Punktepaaren trennen die Punkte des zweiten Paares das erste innen und außen im gleichen Teilverhältnis.

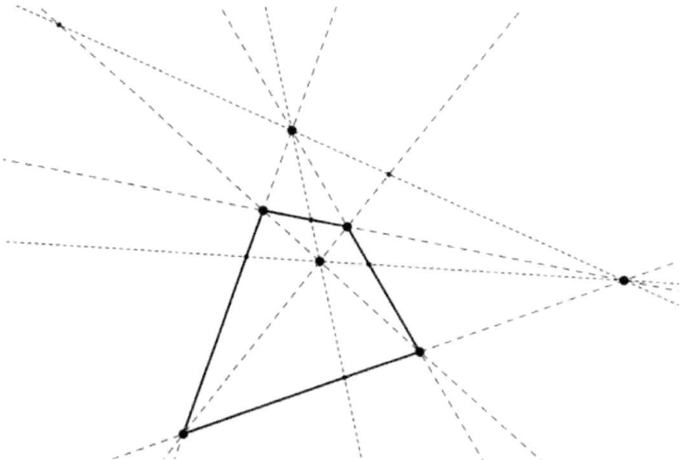

Die Mathematik kennt sieben Rechenarten, die vier Grundrechenarten Addition (+), Subtraktion (-), Multiplikation (·), Division (:) und die drei höheren Rechenarten Potenzieren, Wurzelziehen und Logarithmieren. Hier klingt wieder das Motiv 7 = 4+3 herein, wobei symbolisch die Vier für die irdische Ordnung (z. B. vier Himmelsrichtungen, vier Elemente Feuer, Luft, Wasser, Erde) und die Drei für eine höhere, himmlische Ordnung stehen kann.

Astronomie und Natur

Seit die Menschen in alten Zeiten den Sternenhimmel betrachtet haben, ist bekannt, dass es neben den Fixsternen, die in verschiedene Sternbilder gruppiert werden, einige veränderliche „Sterne“ gibt, die Planeten. Sie können in den verschiedenen Sternbildern des Tierkreises (Widder, Stier, Zwillinge, …) stehen. Am hellsten strahlt die Venus, die manchmal als Abendstern und zu anderen Zeiten als Morgenstern am Himmel steht. Die anderen mit bloßem Auge sichtbaren Planeten sind Merkur, Mars, Jupiter und Saturn. In früheren Zeiten zählte man auch Sonne und Mond, die ebenfalls in bestimmten Sternbildern stehen können, zu den Planeten, wodurch die Zahl von sieben Planeten erreicht wird. Gerade in der alten Zeit wurde der Himmel genau beobachtet. Der Lauf der Sonne, der für die Jahreszeiten verantwortlich ist und der mit der Stellung der Fixsterne zusammenhängt, bestimmte den Kalender und damit die landwirtschaftlichen Tätigkeiten. Nach dem Grundsatz *„wie oben, so unten“* maß man dem Geschehen am Himmel große Bedeutung für das Irdische zu.

Ordnet man diese Planeten danach, wann sie wieder dieselbe Position in Bezug auf den Fixsternhimmel erreichen, (siderische Umlaufzeit), so ergibt sich die folgende Reihenfolge:

Mond	Merkur	Venus	Sonne	Mars	Jupiter	Saturn
27,3 Tage	88 Tage	225 Tage	1 Jahr	1,9 Jahre	11,9 Jahre	29,5 Jahre

Man nennt daher Mond, Merkur und Venus untersonnig, Mars, Jupiter und Saturn obersonnig.

Die Namen unserer Wochentage kommen von diesen Planeten: Sonntag von der Sonne, Montag vom Mond, Dienstag, im Italienischen martedì, vom Mars, Mittwoch, italienisch mercoledì, vom Merkur, Donnerstag, italienisch giovedì, vom Jupiter bzw. dem germanischen Donar, Freitag, italienisch venerdì, von der Venus bzw. Freya und Samstag, englisch Saturday, von Saturn. Ordnet man die Planeten nach ihren siderischen Umlaufzeiten an, so entspricht die Reihenfolge der Wochentage der Reihenfolge im Siebenstern.

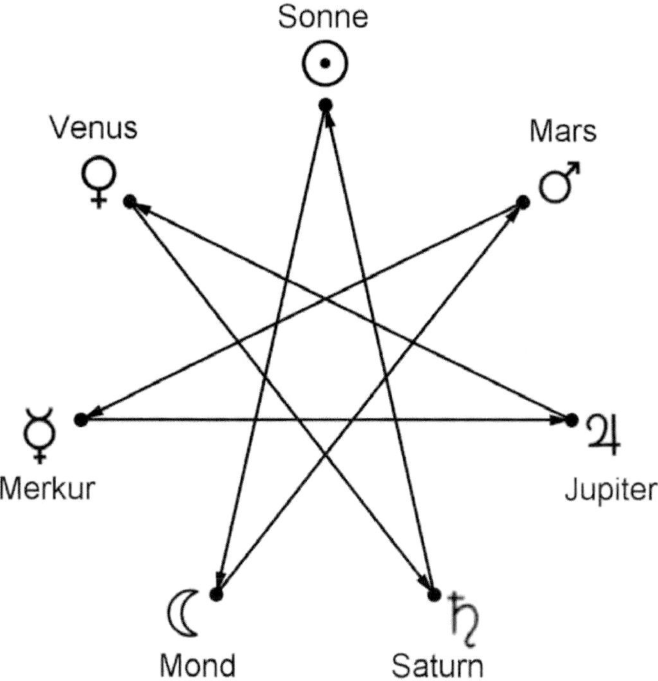

Nach der Sonne ist der Mond die auffälligste Himmelserscheinung. Insbesondere beim Mond kommt neben der siderischen Periode auch die gut beobachtbare Zeit von Vollmond bis Vollmond bzw. von Neumond zu Neumond, die sogenannte synodische Periode in Betracht. Diese beträgt etwa 29,5 Tage. Obwohl es rechnerisch nur bei 28 Tagen stimmen würde, nimmt man für die vier deutlichen Phasen Neumond bis Halbmond, Halbmond bis Vollmond, Vollmond bis Halbmond und Halbmond bis Neumond oft eine Woche, also sieben Tage an. $4 \cdot 7 = 28$. Wegen $28 = 1+2+3+4+5+6+7$ ist die 7 mit der 28 eng verwandt.

Die moderne Naturwissenschaft kennt sieben Perioden im Periodensystem der chemischen Elemente, was in einem vereinfachten Atommodell sieben Atomschalen für die Elektronen entspricht. Das siebte Element in diesem System ist Stickstoff, Nitrogenium, abgekürzt N. Unsere Atemluft besteht zu 78% aus Stickstoff. Dieser ist auch Bestandteil aller Aminosäuren, aus denen wiederum die so wichtigen Proteine aufgebaut sind.

Der Mensch und die Sieben

Werden Menschen nach ihrer Lieblingszahl gefragt, so liegt statistisch die Zahl sieben an der Spitze („Blue-Seven-Phänomen"). 1956 berichtete G. Miller, dass Menschen in ihrem Kurzzeitgedächtnis 7±2 Objekte behalten können. Daher spricht man von der Millerschen Zahl sieben. Diese Ergebnisse sind allerdings in der neueren Forschung umstritten.

Bereits Philon erwähnte einige unmittelbare Bezüge der Sieben zum Menschen wie die sieben Öffnungen für Sinneseindrücke am Kopf. Ergänzend können die sieben Halswirbel genannt werden. Manchmal wird auch von sieben Hauptorganen gesprochen: Herz, Lunge, Leber, Nieren, Galle, Milz und das Gehirn, die jeweils in Beziehung zu einem Himmelskörper stehen.

L. Edwards [9, S. 147ff] zitiert eine Untersuchung des Anatomen J. B. Pettigrew, der an der linken Herzkammer sieben Muskelschichten unterscheiden konnte. Die äußerste Schicht besteht aus Muskelfasern, die sehr steil spiralig nach links oben geschraubt sind. Bei den nächsten beiden Schichten nimmt die Steilheit ab. Bei der vierten, mittleren Schicht verlaufen die Muskelfasern waagrecht. In den folgenden drei Schichten geht diese Tendenz weiter von einem schwachen Anstieg nach rechts bis zu einem steilen Anstieg. Der Verlauf der Muskelfasern in den sieben Schichten sieht schematisch etwa so aus:

Neben der Anatomie tritt die Sieben bei den zeitlichen Rhythmen auf, den Lebensjahrsiebten, im weiblichen Zyklus, der etwa eine Mondperiode von 28 Tagen dauert, und in einem Siebentages-, also Wochenrhythmus, der sich in der Chronobiologie unter anderem bei Inkubationszeiten, Wundheilungen und Fieber in gewissem Ausmaß zeigt. L. Edwards [9, S. 172ff] fand Hinweise auf einen feinen siebenfachen Rhythmus innerhalb eines Herzschlags.

7 Chakren

Schon in alten Yogatexten werden Chakren oder unsichtbare Energiezentren erwähnt. Das Wort Chakra bedeutet Rad, Kreis oder Diskus. Die sieben Hauptchakren werden auch als Lotusblumen bezeichnet, die jeweils eine bestimmte Anzahl von Blütenblättern besitzen. Diese Chakren sind in der westlichen Anatomie unbekannt. Sie können jedoch mit steuernden Hormondrüsen (z. B. sitzen an der Kehle die Schilddrüse und die Nebenschilddrüse) oder mit Nervengeflechten (z. B. dem Sonnengeflecht) in enge Verbindung gebracht werden.

Ein Grundgedanke bei Rudolf Steiner und anderen Weisheitslehrern ist, dass der Makrokosmos, also der Himmel, das Weltall, seine Entsprechungen im Mikrokosmos, also im Menschen hat. Die sieben Planeten finden sich nach der siderischen Reihe wieder in den sieben Chakren: Mond = 1. Zentrum, Merkur = 2. Zentrum, ... Saturn = 7. Zentrum.

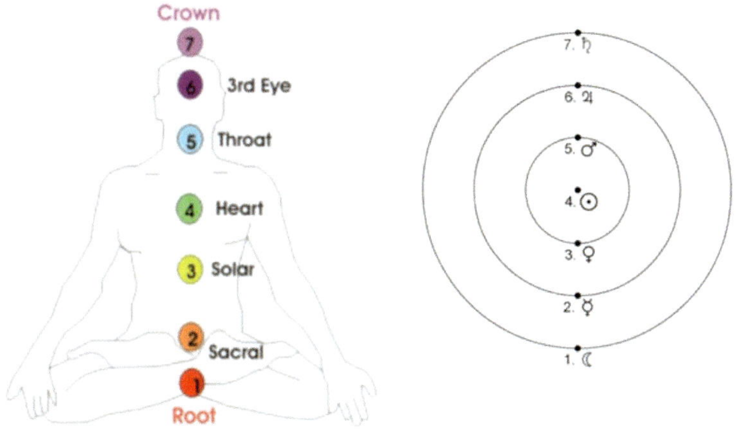

Die Sonne einerseits und das 4. Zentrum beim Herzen andererseits bilden jeweils die Mitte. Die drei unteren Zentren entsprechen den untersonnigen Planeten Mond, Merkur und Venus, die drei oberen Zentren den obersonnigen Mars, Jupiter und Saturn. 7 = 3+1+3.

Nach Heinz Grill [17] entsprechen die Chakren nicht nur Energiezentren, sondern mehr noch Seelenqualitäten, die es in inneren Reifungsschritten der Reihe nach in den ersten sieben Lebensjahrsiebten auszuprägen gilt. Die

Entfaltung des siebten Chakra im siebten Jahrsiebt, d.h. etwa im Alter von 42 bis 49 Jahren, bildet die Zusammenfassung und das krönende Ziel der menschlichen Entwicklung durch Selbsterziehung. Die unteren drei Chakren stehen dabei mehr mit dem Körper und dem Sein im Körper in Verbindung. Das mittlere, das Herzchakra, ist der Ort, wo oben und unten, Geist und Materie zusammenkommen und unter der Regie des Ich ausgeglichen zusammenwirken sollen. Die oberen drei Chakren sind charakterisiert durch zunehmende Bewusstseinskräfte, die vom Körper unabhängig sind. Heinz Grill sieht das dritte und fünfte Chakra in besonderer Verbindung, ebenso das zweite und sechste sowie das erste und siebte.

Entwicklung in sieben Schritten bei Rudolf Steiner

Im Werk Rudolf Steiners tritt die Sieben an vielen Stellen auf. Zentral erscheint, dass alle Entwicklung in sieben Stufen geschieht. Seine Angaben erfolgen aus seiner ausgeprägten Fähigkeit zu übersinnlicher Forschungsarbeit über den Menschen mit seiner Vergangenheit und seiner Zukunft. Er berichtet [31, S. 58]:

> *„Es gibt innerhalb der esoterischen Wissenschaft verschiedene prinzipielle Begriffe, die wie Leitmotive durch die ganze esoterische Bewegung gehen. Ein solcher ist der Begriff der rhythmischen Zahl, ein anderer der des Mikrokosmos und Makrokosmos. Das Geheimnis der Zahl drückt sich aus darin, dass gewisse Erscheinungen so aufeinanderfolgen, dass die siebente Wiederholung als Abschluss eines Ereignisses, die achte als Anfang eines neuen Ereignisses bezeichnet werden kann. Abgebildet ist diese Tatsache innerhalb der physischen Welt in dem Verhältnis der Oktave zum Grundton."*

und an anderer Stelle [29, S. 191f]:

> *„Die Siebenzahl ist uns dabei gar nichts anderes als ein Ergebnis der okkulten Erfahrung. So wie sich der Mensch hinstellt und die sieben Farben zählt, so zählt der Okkultist sieben aufeinanderfolgende Zustände der Weltenentwickelung. Und weil die Weisheit der Welt immer von diesen Dingen wusste und sprach, deshalb ging das in das allgemeine Bewusstsein über und man fand etwas besonders Bedeutungsvolles in dieser Siebenzahl. Gerade weil die Siebenzahl zum Beispiel in den Weltverhältnissen begründet war, ging sie in den allgemeinen Glauben, natürlich auch Aberglauben, über."*

Steiner [24, S. 60] gibt für den Menschen insgesamt sieben Wesensglieder an, von denen im Laufe des sich über viele Zeitalter erstreckenden Fortgangs der Menschheit drei schon entwickelt wurden, das vierte derzeit entwickelt wird, während drei weitere zukünftig entwickelt werden sollen. Er nennt sie den physischen Leib, den Ätherleib, den Astralleib, das Ich und als bisher nur keimhaft angelegte geistige Glieder das Geistselbst, den Lebensgeist und den Geistesmenschen.

Entsprechend durchläuft die Menschheit, ja sogar die ganze Erde sieben große Phasen. Derzeit leben wir in der vierten, mittleren Phase. Aus seiner geistigen Schau bezeichnet Steiner die ersten drei Stufen als „alten Saturn", „alte Sonne" und „alten Mond". Die vierte Stufe, die jetzige Erde, tritt zweigeteilt auf, als „Mars" bis zum Tod von Jesus Christus und als „Merkur" danach. Man erkennt hierin wieder die Reihe der Wochentage beginnend am Samstag, die sogenannte chaldäische Reihe. Die nächsten beiden Stufen, die in ferner Zukunft folgen, nennt Steiner „neuer Jupiter" und „neue Venus". Die eigentliche siebte Stufe, die Vulkanstufe, findet sich weder in den Planeten noch in den Wochentagen.

Man sollte jedoch nicht starr an der Zahl Sieben kleben, denn Phasen können weiter differenziert oder zusammengefasst werden. Nach Steiner lebt das Ich in der Empfindungsseele, der Verstandesseele und der Bewusstseinsseele, so dass man auf neun Glieder kommt. Andererseits können vereinfacht nur die drei Wesensglieder Körper, Seele und Geist betrachtet werden, was wiederum mit drei Phasen der menschlichen Entwicklung korrespondiert:

> *„Darauf beruht ja alle Entwicklung, dass erst aus dem Leben der Umgebung selbständige Wesenheit sich absondert; dann in dem abgesonderten Wesen sich die Umgebung wie durch Spiegelung einprägt und dann dies abgesonderte Wesen sich selbständig weiterentwickelt."* [26, S. 191]

Die Bedeutung der Sieben für Steiner zeigt sich auch darin, dass er für das Gebäude des ersten Goetheanum sieben Säulenpaare aus sieben verschiedenen Holzarten vorsah, die in künstlerischer Form diesen Entwicklungsgedanken von „Saturn" bis „Venus" darstellten. Dazu gibt es von ihm die folgenden Säulenworte:

DAS ES – AN ES – IN ES – ICH – VOM ICH – AUS MIR – ICH INS ES

Die erste Stufe beschreibt das neue abgesonderte Wesen, an das zunächst von außen strukturbildende Lebenskräfte herangetragen werden, so dass sich in der dritten Stufe ein Innenraum bildet, der in der vierten Stufe zu einer eher abgeschlossenen Selbständigkeit heranreift. Die Kräftewirkung des aktiven Äußeren wandelt sich dann immer mehr in ein schaffendes Mitwirken von innen, das sich nach außen richtet.

Indem das Ich mehr und mehr das 5. Wesensglied, das Geistselbst aufnimmt, kann das 3.Wesensglied, der Astralleib vom Geistselbst veredelt werden. In ähnlicher Weise kann das Ich durch den Lebensgeist den Ätherleib verfeinern und durch den Geistesmenschen den physischen Leib. [24, S. 58ff]

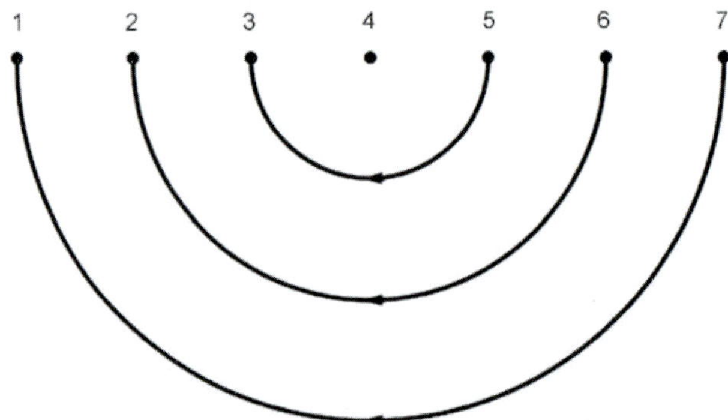

Mit der siebten Stufe und der Umwandlung der vorigen Stufen wird ein Ziel- und Endpunkt innerhalb des bisherigen Gesamtrahmens erreicht.

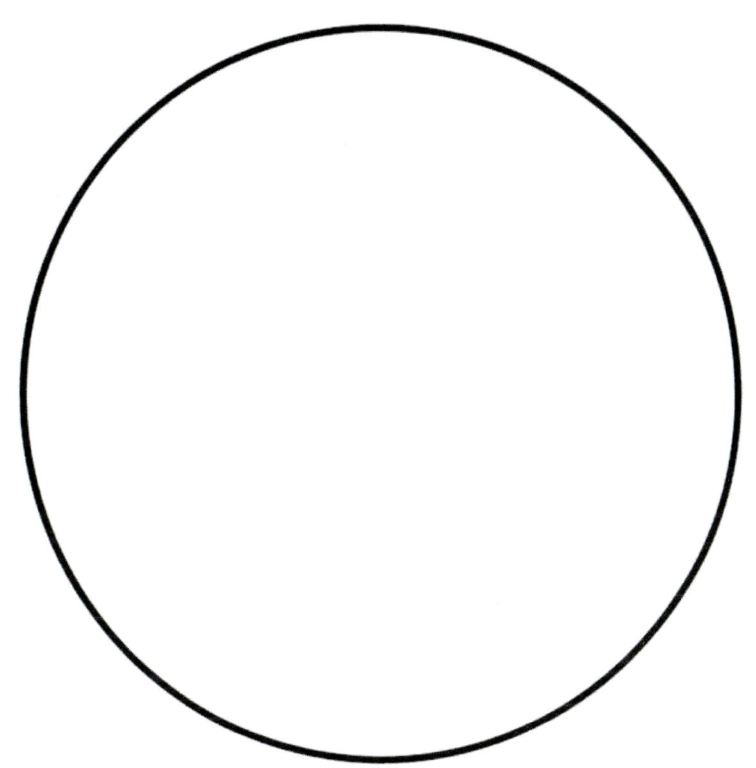

Die Urform des Kreises stellt
das aufnehmende Prinzip durch
das Verbindende und
Umschließende dar.

Heinz Grill [14, S. 56]

Zur Bedeutung des Kreises

Das Wort Kreis ist etymologisch verwandt mit kratzen und ritzen. In einer alten Bedeutung steht Kreis für einen eingegrenzten Kampfplatz (ähnlich wie der „Ring“ beim Boxen oder denken Sie an die Kampffläche der Sumo-Ringer, die nicht verlassen werden darf). Die geschlossene Kreislinie legt das Innen und Außen fest.

Die Kreislinie beginnt und endet nirgends. Beim Zeichnen müssen wir natürlich an einer Stelle beginnen, aber wir führen den Stift wieder zu diesem Anfangspunkt zurück. Kleine Kinder können das noch nicht, ihre Linien enden irgendwo. Wenn es einem Kind gelingt, die gezeichnete Linie zu schließen, bedeutet das einen Entwicklungsschritt.

Obwohl die Kreislinie nicht endet, ist ihre Länge begrenzt. Nach einem Umlauf kommt man wieder an die gleiche Stelle. So wird der Kreis als Symbol für ein Denken in zeitlichen Kreisläufen gebraucht, wie wir es aus der Natur mit dem Sonnenlauf in der Abfolge der Tage oder dem Wachsen, Fruchten und Welken der Pflanzen in den wiederkehrenden Jahreszeiten kennen. Der sich drehende Kreis steht für Bewegung und Ruhe gleichzeitig.

Ähnliches, aber nicht Gleiches wiederholt sich. Denn nimmt man die Astronomie genau, so wiederholt sich eine Konstellation von Sonne, Mond, Planeten und Fixsternen nie exakt. Am folgenden Tag geht der Mond schon fast eine Stunde später auf und, wenn nach einem Jahr die Sonne wieder die gleiche Stellung zu den Fixsternen einnimmt, finden wir den Mond und die Planeten an anderen Orten. Ebenso haben wir Menschen in der Zwischenzeit Vieles getan und erlebt, was uns verändert.

Der Kreis steht auch für das Ganze, die Einheit. Wenn ein Mensch in einer weiten Ebene oder auf dem Meer um sich schaut, sieht er den Horizont wie einen großen Kreis um sich herum. Er erlebt sich selbst als Mittelpunkt dieses Kreises, ganz gleich, wo er steht oder wohin er sich bewegt. Ein anderer Mensch wird sich an seinem jeweiligen Ort als Mittelpunkt erleben.

Der Kreis besteht aus einer einzigen gleichförmigen Linie, im Gegensatz zum Dreieck (oder zum Quadrat), das durch drei (bzw. vier) Ecken und Kanten gegliedert ist. Gleichzeitig ist der Kreis perfekt, eben ohne „Ecken und

Kanten“. So kann man sich den Kreis als Endpunkt einer langen, mit den Formen zu Eins, Zwei, Drei beginnenden, immer runder werdenden Entwicklungsreihe vorstellen. Er ist das ideale Ziel, das nicht mehr verbessert werden kann. Der Kreis ähnelt wieder dem Punkt, aber auf einer höheren Stufe. Dieses Ziel ist ungesehen schon immer da, denn der Kreis kann beispielsweise zur Konstruktion des Fünfecks verwendet werden.

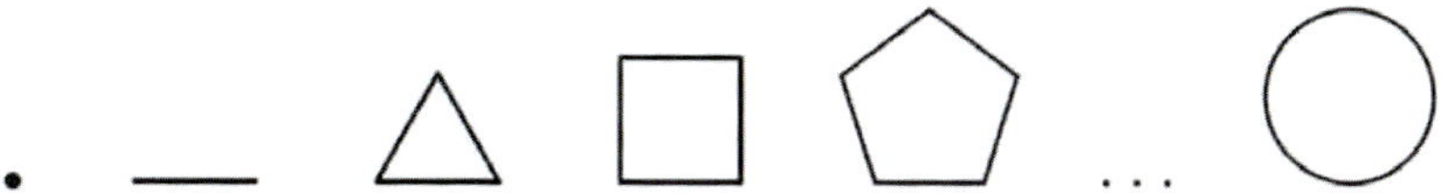

Der Kreis steht für sich als abgeschlossene Einheit da, mit einem Innenraum und einem Mittelpunkt, ähnlich wie eine Zelle mit ihrem Zellkern. Rudolf Steiner [35, S. 147] sprach sogar aus, dass

> *„... der wirklich lebendig empfindende Mensch, wenn er einem Kreise gegenübersteht, in seiner Seele auftauchen fühlt das Gefühl der Ichheit, das Gefühl der Selbstheit ... er fühlt, dass das hindeutet auf das ‚Sich-selbständig-Fühlen'.“*

Der Kreis als geometrische Grundform

Der Kreis ist die wohl vollkommenste geometrische Form in der Zeichenebene. Wer empfindet diese gleichmäßig runde, hochsymmetrische Figur nicht als edel und schön? Die Kreisform scheint für den Menschen nicht ganz unwichtig zu sein. Beispielsweise wurde sie von Zen-Kalligraphen wieder und wieder mit einem Pinselschwung gemalt und das nicht nur als handwerkliche Geschicklichkeitsübung.

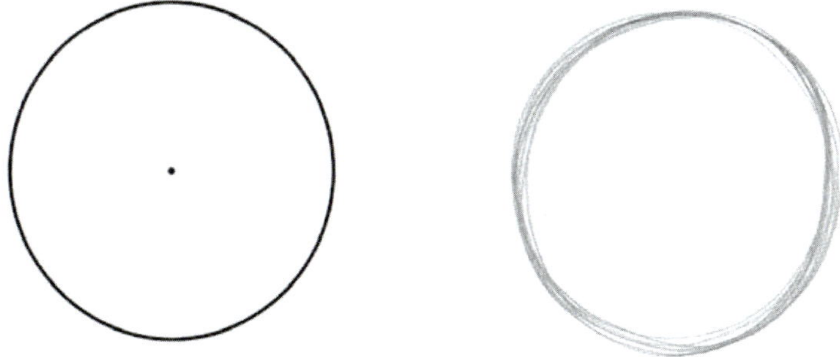

Vergleichen Sie diese beiden Kreise in einer Betrachtung.

Der linke Kreis ist aus dem Mittelpunkt mathematisch konstruiert, der rechte ist mit der freien Hand gezeichnet. Der Künstler Gerhard Gollwitzer [10, S. 8ff] nennt den rechten Kreis, der ohne Mittelpunkt frei aus der mehrmalig kreisenden Bewegung gezeichnet wird, einen echten, lebendigen Kreis. Den linken, gesetzmäßig konstruierten bezeichnet er dagegen als perfekt, aber auch tot.

Welche Bedeutung kommt dem Kreis zu? Wie können wir eine Empfindung zum Kreis entwickeln? Wo treten Kreise in der Natur auf? Wo in der Technik? In der Kunst? In der Kulturgeschichte? Was haben Geistforscher in Bezug auf den Kreis ausgesagt? Was drückt sich in dieser besonderen Form aus? Denn in irgendeiner Weise sollte sich die innere Bedeutung in der äußeren Form widerspiegeln.

Unmittelbar im Vordergrund steht das gleichmäßig Runde und zugleich das in sich Geschlossene. Ein Kreis hat keinen Anfang und kein Ende. Man kann sich endlos auf der Kreislinie fortbewegen. Nach jeder Umdrehung wiederholt sich etwas Früheres, schon da Gewesenes, zyklisch eben. Kein Punkt der Kreislinie unterscheidet sich vom anderen. Der einzige ausgezeichnete Punkt ist der Mittelpunkt, der gerade nicht auf der Kreislinie liegt. Im Kreis bestehen dynamische Polaritäten zwischen Mitte und Rand, sowie zwischen dem eingeschlossenen Kreisinneren und dem unbegrenzten Äußeren.

Zeichnen Sie Kreise mit der freien Hand, indem Sie eine Malkreide oder einen Bleistift wie eine Kreide in die Hand nehmen, sich zunächst die Kreislinie vorstellen und dann über dem Papier mehrfach die kreisende Bewegung ausführen. Erleben Sie das immer weiter Kreisende. Senken Sie erst danach die Malkreide zum Papier und zeichnen Sie aus diesem Schwung heraus mehrmals die gleichmäßige Rundung. Erleben Sie bewusst die Rundheit der Form und das Wiederkehrende.

Haben Sie im Uhrzeigersinn oder in der Gegenrichtung gezeichnet?

Erinnern Sie sich an Situationen, in denen Sie mit mehreren Menschen in einem Kreis stehen. Wie ist die Beziehung zu den anderen Menschen verglichen mit Situationen, in denen Sie einer anderen Person gegenüber stehen, z. B. bei der Begrüßung, oder denjenigen Situationen, in denen Sie hintereinander stehen, z. B. in einer Warteschlange? (vgl. [18])

Ästhetische Zeichnungen mit Kreisen

Beginnen wir, indem wir uns der Kreislinie mit einigen einfachen Zeichnungen annähern und dadurch mit ersten geometrischen Eigenschaften vertraut werden. Ein Kreis ist in vielfacher Weise symmetrisch. Jede Gerade durch den Mittelpunkt ist eine Symmetrieachse. Der Kreis ist symmetrisch bezüglich beliebiger Drehungen um seinen Mittelpunkt und zu diesem auch punktsymmetrisch. Damit ist der Kreis eine Linienform mit höchster Symmetrie.

Zu einem ersten Kreis gibt es mehrere nahe liegende Fortsetzungen, beispielsweise einen zweiten Kreis mit gleichem Radius zu zeichnen, der durch den Mittelpunkt des ersten Kreises verläuft oder einen berührenden Kreis gleicher Größe oder einen Kreis halber bzw. doppelter Größe.

Lassen Sie die Formen ganz unbefangen auf sich wirken oder, noch besser, zeichnen Sie die Figuren mit dem Zirkel selber. Die Kreise können auch als ineinander verflochtene Ringe gezeichnet werden.

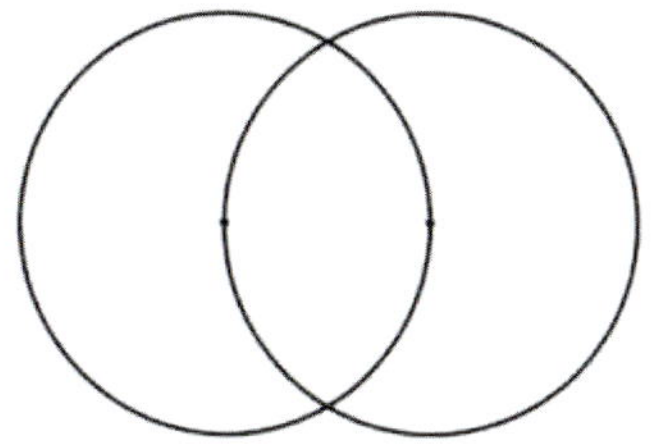

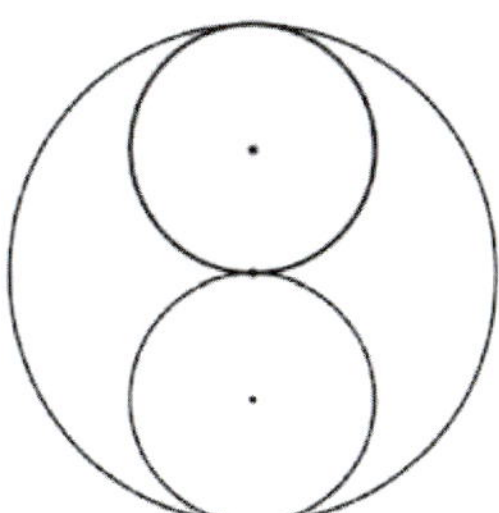

Nehmen Sie einen Zirkel und entwerfen Sie selber Ornamente aus Kreisbögen.

Wird die Konstruktion um einen zentralen Kreis herum fortgesetzt, indem man einen Schnittpunkt des vorigen Kreises mit dem Zentralkreis jeweils als neuen Mittelpunkt nimmt, entsteht diese schöne blütenartige Figur. Hier zeigt sich schon ein erster Zusammenhang des Kreises zur Zahl sechs.

An dieser Zeichnung kann Genauigkeit geübt werden. Sie können die Form auch farbig gestalten.

Der Kreis in Bezug zu den Grundmaßen Abstand und Winkel

Die einfachste mathematische Kreisdefinition besagt: Ein Kreis besteht aus allen Punkten (in der Zeichenebene), die von einem gegebenen Punkt, nämlich dem Kreismittelpunkt, einen festen Abstand, den Radius, haben. Auf diese Festlegung stützt sich das gebräuchliche Werkzeug um einen Kreis zu zeichnen, der Zirkel. Mit Kreis soll also im Folgenden die gezeichnete Kreislinie gemeint sein. Die Fläche des Kreisinneren wird auch Kreisscheibe genannt.

Welche Lagebeziehung kann es zwischen einem Kreis und einer Geraden bzw. einem Punkt geben? Ein Sonderfall ist sicherlich, wenn die Gerade genau durch den Kreismittelpunkt geht. Sie ist dann eine Symmetrieachse für den Kreis.

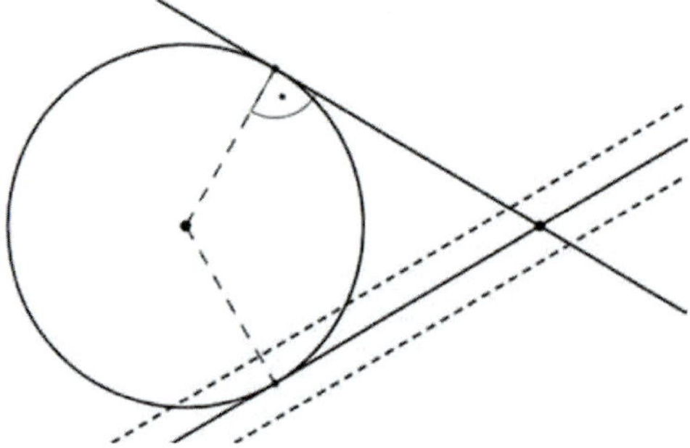

Ein weiterer besonderer Fall liegt bei tangentialer Lage vor. Unter einer Tangente versteht man eine Gerade, die den Kreis genau in einem Punkt berührt, aber sonst völlig im Kreisäußeren verläuft. Von jedem Punkt des Kreisäußeren lassen sich zwei Tangenten an den Kreis legen, jedoch beliebig viele

Geraden, die den Kreis nicht treffen (d. h. der Abstand der Geraden zum Mittelpunkt M ist größer als der Radius r) oder ihn in zwei Punkten schneiden (der Abstand zu M ist kleiner als r). Verrutscht die Tangente ein wenig, so verliert sie ihre Eigenschaft Tangente zu sein. Verrutscht man eine andere Gerade nur geringfügig, so trifft sie weiterhin nicht oder zweimal. Insofern stellt die tangentiale Lage einen Sonderfall dar. Für jede Kreistangente gilt: Die Tangente bildet mit dem Radius im Berührpunkt einen rechten Winkel. Zur besonderen Abstandslage der Gerade gehört also der wichtigste Winkel, der 90°-Winkel.

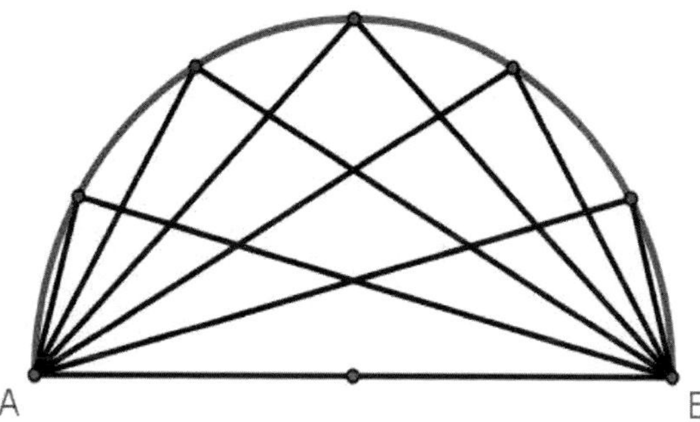

Eine weitere besondere Verbindung von Kreis und rechtem Winkel ist bekannt als Satz des Thales. Verbindet man einen beliebigen Punkt auf dem Halbkreis mit den beiden Endpunkten des Durchmessers AB, so entsteht ein rechter Winkel. Man kann auch sagen, von jedem Punkt auf dem Halbkreis wird die Strecke AB mit einem Winkel von 90° gesehen.

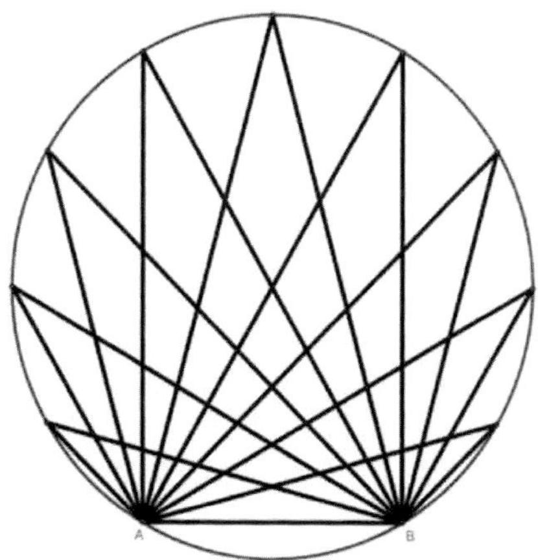

Bei der gebräuchlichen Kreisdefinition tritt der Kreis als Linie mit konstantem Abstand von einem Punkt auf. Ein Kreisbogen ergibt sich jedoch ebenfalls als Linie eines konstanten Blickwinkels φ auf eine Strecke. Der Satz des Thales bildet dabei nur einen Sonderfall. Es handelt sich um den einen Kreisbogen, der von den Endpunkten A und B der Strecke begrenzt wird (und einen zweiten, nach unten gespiegelten, wenn man die Drehrichtung des Winkels außer Acht lässt). Vom anderen Teilstück des Kreises aus gesehen erscheint die Strecke unter dem Winkel 180° - φ.

Grundlegendes zur Kreismessung

Wie hängt die Größe der Kreisfläche bzw. die Länge des Kreisumfangs mit dem Radius zusammen? Dieses Problem ist gar nicht so einfach, da sich unsere üblichen Längenmaße auf gerade Strecken beziehen. Aus dem Kreis mit dem Sechseck kann man erkennen, dass der Umfang etwas mehr als das Sechsfache des Radius, also etwas mehr als das Dreifache des Durchmessers sein muss. Unabhängig von der Größe ist bei allen Kreisen das exakte Verhältnis Umfang : Durchmesser = π.

Daraus ergibt sich die Formel $U = 2\pi r$ für den Umfang U abhängig von Radius r. Die Kreiszahl $\pi = 3{,}14159\ldots$ ist ein nicht endlicher, nicht periodischer Dezimalbruch. π ist der Grenzwert eines unendlichen Annäherungsprozesses und lässt sich nicht in endlich vielen Schritten angeben. Deshalb kann die sprichwörtliche Quadratur des Kreises, d. h. die Konstruktion eines zum Kreis flächengleichen Quadrates nur mit Zirkel und Lineal, nicht gelingen.

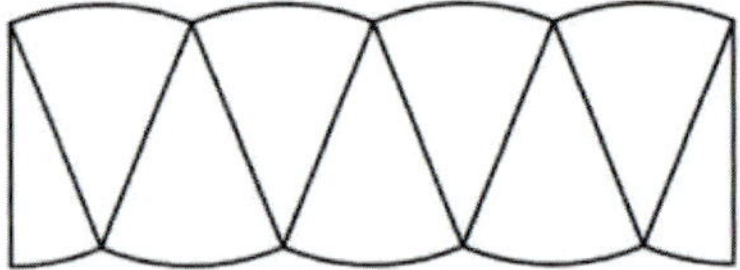

Zur Flächenberechnung kann der Kreis mit Radius r wie ein Kuchen in acht gleichgroße Stücke zerschnitten werden, wobei eines davon nochmals halbiert wird. Diese Stücke ergeben dann annähernd ein Rechteck mit Breite = r und Länge = halber Kreisumfang = r π. Berechnet man versuchshalber die Fläche A mit der Formel für Rechtecke als A = Länge · Breite, so erhält man das richtige Ergebnis: $A = r\,\pi \cdot r = r^2\pi$.

Besondere Eigenschaften der Kreise

Die mathematisch so einfach definierte Kreisform besitzt einige besondere Eigenschaften. Die drei hier genannten kommen interessanterweise ohne den Mittelpunkt aus.

1. Kreise sind Linien mit konstanter Krümmung

Wenn ein Auto mit fest eingeschlagenem Lenkrad auf einer genügend großen Fläche fährt, so beschreibt es eine Kreislinie und kommt wieder zu seinem Ausgangspunkt.

2. Kreise sind die Formen mit dem größten Verhältnis Fläche zu Umfang. Wenn Sie mit einem gegebenen Stück Drahtzaun von z. B. 10 m Länge eine möglichst große Fläche umgrenzen wollen, sollten Sie eine Kreisfläche wählen.

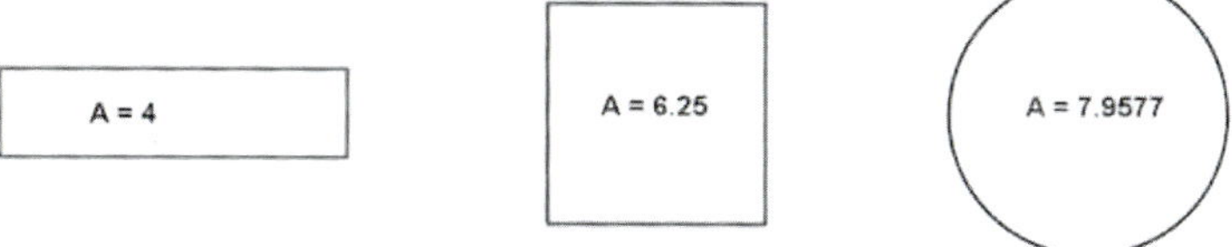

3. Kreise sind die Linien mit konstantem Entfernungsverhältnis von zwei vorgegebenen Punkten A und B (Apolloniuskreise oder Divisionskreise). Wählt man einen beliebigen Punkt P und fragt, wo andere Punkte Q liegen, so dass die Abstände zu den Punkten A und B das gleiche Zahlenverhältnis liefern, PA : PB = QA : QB, dann bilden die Punkte Q mit dieser Eigenschaft einen Kreis (als Sonderfall bei gleichem Abstand die Mittelsenkrechte). Zusammen überdecken all diese Kreise die Ebene.

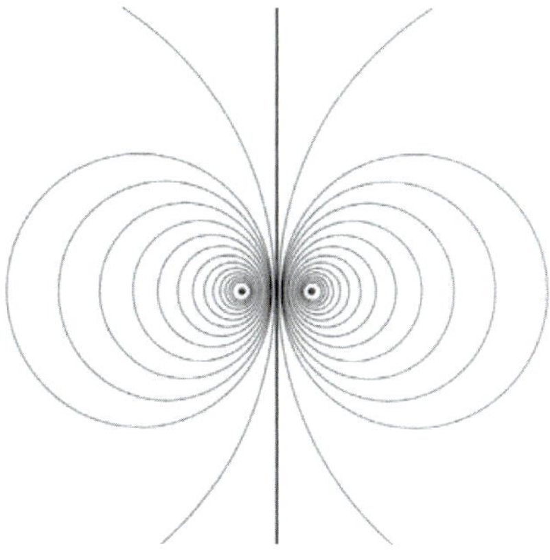

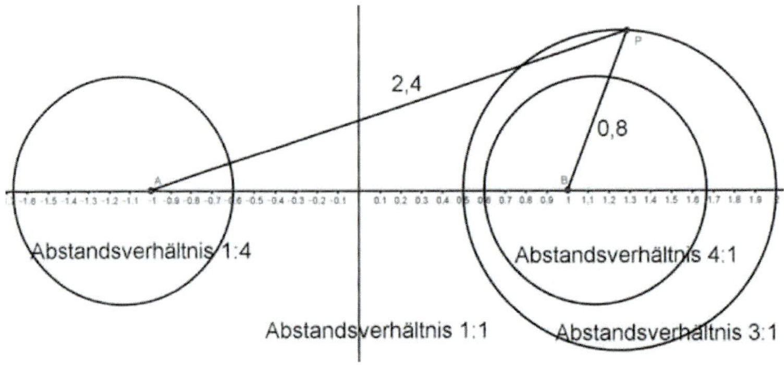

Wer Interesse hat, kann überlegen, wie die entsprechenden Kurven für die Addition (d. h. alle Punkte P mit der Eigenschaft: zu fest vorgegebenen Punkten A und B ist PA + PB konstant), für die Subtraktion bzw. für die Multiplikation aussehen.

Kreise als Vermittler zwischen Punkt und Gerade

Lässt man den Kreisradius r gegen 0 schrumpfen, so wird aus dem Kreis ein Punkt. Wächst umgekehrt der Radius über alle Maßen, so strebt die Krümmung k (die mathematisch als Kehrwert des Radius r definiert werden kann, also $k = 1/r$) gegen 0. Als Grenzfall dieser Betrachtung ergibt sich somit eine Linie ohne Krümmung, eine Gerade. Manchmal werden Kreise und Geraden deshalb als verallgemeinerte Kreise zusammengefasst. Im Bild mit den Apolloniuskreisen lassen sich die Übergänge gut betrachten.

Kreise von außen

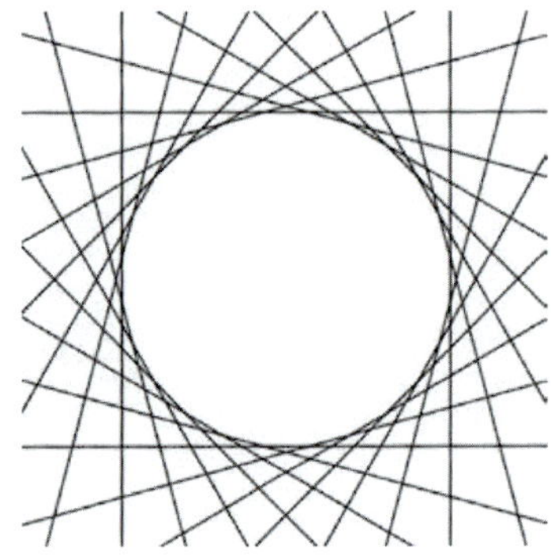

Zeichnet man eine Vielzahl von Tangenten an einen Kreis, so lässt sich die Kreisscheibe wahrnehmen, ohne dass die Kreislinie überhaupt eingezeichnet wird. Gleichzeitig rückt das Umfeld des Kreises viel mehr in die Aufmerksamkeit. Wenn die Tangenten mit gleichen Winkeln gezeichnet werden, entstehen im Kreisäußeren wieder regelmäßige Strukturen. Der Kreis erscheint wie eine Aussparung in der unendlich großen, ausgefüllten Ebene. Man kann sich auch vorstellen, dass die Geraden von weit außen kommend bis zur Berührung des Kreises herangeschoben werden, der Kreis also aus der Peripherie und nicht aus dem Mittelpunkt entsteht.

Sehr schöne Zeichnungen entstehen, wenn auf einem großen Kreis 24 Punkte in gleichen Abständen markiert werden und von diesen ausgehend Linien zu den Nachbarpunkten gezogen werden, wobei jeweils eine feste Anzahl von Punkten übersprungen wird. Auf diese Weise entstehen neue, kleinere Kreise (genau genommen Vielecke).

Experimentieren Sie mit verschiedenen Farben und üben Sie nebenbei ihre Genauigkeit, Konzentration und Ausdauer.

24-Eck mit Diagonalen nach Heidi Keller-von Asten

Ganz anders wird ein Kreis aus dem Umfeld bei Heinz Grill dargestellt. Er schreibt dazu [14, S. 31]:

> *„Die Gewohnheit lässt immer einen Kreis aus seinem Mittelpunkt entstehen. Das menschliche Dasein aber entsteht nicht aus der Materie und drängt sich in den Umkreis hinein, sondern es entwickelt sich aus Geisteshöhen, organisiert sich zu einem Bewusstsein und dieses findet schließlich in einem Mittelpunkt sein Zentrum."*

Betrachten Sie die obige Zeichnung mit dem Gedanken der Bewegung von außen nach innen. Welche Kraft oder welche Dimension oder was ist es, das von außen nach innen wirkt?

Kreise in Natur und Technik

In der Natur finden wir Kreise in verschiedenen Zusammenhängen. Dabei handelt es sich um mehr oder weniger exakte Kreise. Die Sonnenscheibe tritt jeden Morgen über den Horizont, wohingegen der Mond nur bei Vollmond als Scheibe erscheint. Wirft man einen Stein in einen ruhigen See, so breiten sich kreisrunde Oberflächenwellen aus, die sich langsam abschwächen. Viele Blüten von Blumen haben eine annähernd runde Form (Sonnenblumen, Gänseblümchen ...).

Die Bewegungsbahnen von Sonne, Mond und Sternen erscheinen dem Beobachter als Kreisbögen. Besonders gut sichtbar ist das bei Sternen nahe dem Polarstern. Der Polarstern selber steht nahezu unveränderlich beim Drehzentrum.

Beim Menschen hat das Auge mit der Pupille und der umgebenden Iris die Form eines Kreises. Auch die weibliche Brust wird rund gezeichnet. Das Sanskrit-Wort cakra, das die unsichtbaren Energiezentren des Menschen bezeichnet, heißt übersetzt Rad oder Kreis. Bei vielen Tänzen dreht sich der Mensch im Kreis. Die Bewegungen unserer Körperglieder an den Gelenken sind typischerweise Drehbewegungen.

Das Rad zählt zu den ganz großen Erfindungen der Menschheit. Es ist in der Technikgeschichte beim Transport und bei vielen Maschinen (z. B. Töpferscheibe, Wasserräder, Zahnräder ...) unentbehrlich. Eine wichtige Rolle spielen die Drehbewegungen ganz allgemein, z. B. beim Schrauben oder Bohren.

Im Alltag begegnen uns runde Formen vielfach: Teller, Knöpfe, Münzen ...

Das Prinzip des gleichen Abstands vom Mittelpunkt übertragen von der Ebene auf den dreidimensionalen Raum führt zur Kugeloberfläche. Wassertropfen sind annähernd kugelig. Wenn sie auf einem flachen grünen Blatt aufsitzen, haben einen etwa kreisförmigen Umfang.

Auch die auf den ersten Blick gegenteilige Sternform ist mit dem Kreis bzw. der Kugel verwandt.

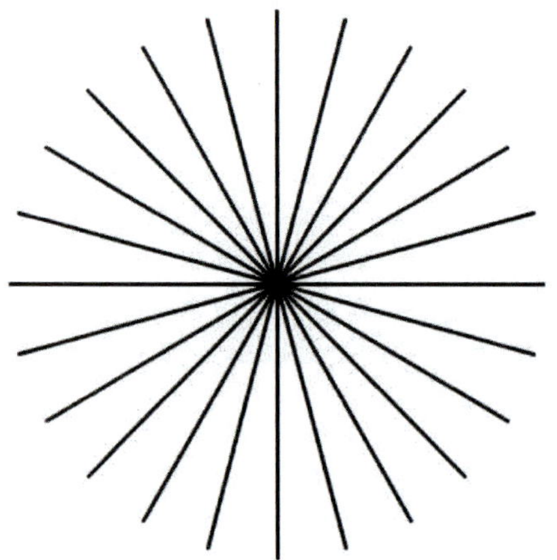

Wo begegnen Ihnen Kreisformen im Laufe des Tages?
Kennen Sie Kreise im Bereich der Kunst?
Welche kreis- oder kugelförmigen Spielzeuge kennen Sie?

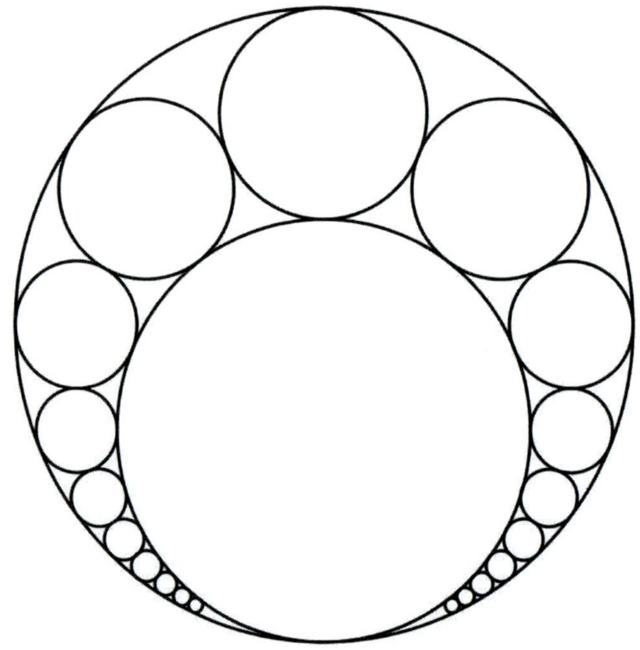

Eine Kette von Kreisen, die sich berühren

Kreis und Bewegung – komplexe Kreispunkte

Der nun folgende Abschnitt, in dem erklärt wird, wie ein Kreis auf denjenigen Geraden der Ebene, die den Kreis nicht treffen, eine Bewegung hervorruft, ist mathematisch anspruchsvoller. Vermutlich haben Sie das in der Schule nicht gelernt.

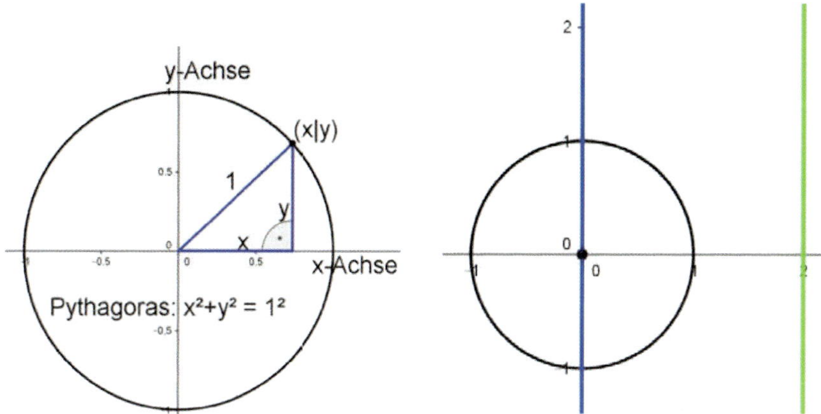

Betrachten wir den Kreis mit Mittelpunkt (0|0) und Radius 1. Er hat die Gleichung $x^2+y^2 = 1$. Die blaue Senkrechte bei $x = 0$ trifft den Kreis. Setzt man $x = 0$ in die Kreisgleichung ein, so bleibt $y^2 = 1$ mit den beiden Lösungen $y = +1$ und $y = -1$, was zu den Schnittpunkten $(0|\pm 1)$ führt. Die grüne Senkrechte bei $x = 2$ hingegen trifft den Kreis nicht. Setzt man in die Kreisgleichung $x = 2$ ein, so ergibt sich $2^2+y^2 = 1$, umgeformt $y^2 = -3$, was in den reellen Zahlen nicht lösbar ist, denn die Quadrate positiver wie negativer Zahlen sind positiv. Es ist nicht überraschend, dass es keine Lösung gibt, da die grüne Senkrechte offensichtlich den Kreis nicht schneidet.

In der modernen Mathematik gibt es doch noch eine Möglichkeit, um hier weiterrechnen zu können. Dazu benötigen wir den Begriff der komplexen Zahlen. Was sind komplexe Zahlen? Reelle Zahlen sind all die Zahlen, die auf der Zahlengerade angeordnet werden können. Innerhalb der reellen Zahlen lässt sich die Gleichung $x^2 = -1$ nicht lösen.

Die Mathematik erweitert nun den Begriff Zahl. Diese neuen, verallgemeinerten Zahlen sind Summen $a+bi$, wobei a und b gewöhnliche reelle Zahlen sind und i ein Zusatzelement ist, die sogenannte imaginäre Einheit. Das zusätzliche Element i hat die besondere Eigenschaft $i^2 = -1$, d. h. die Gleichung $x^2 = -1$ hat die beiden Lösungen $0+i = i$ und $0-i = -i$. Diese Summen a+bi heißen komplexe (oder imaginäre) Zahlen. Mit ihnen können die bekannten Rechenoperationen +, -, ·, : durchgeführt werden. Die komplexen Zahlen werden üblicherweise mit den Punkten der Ebene gleichgesetzt. Die reellen Zahlen sind als Sonderfall mit $b = 0$ in den komplexen Zahlen enthalten, geometrisch als Punkte der waagrechten Zahlenachse in der Ebene.

Die obige Gleichung $y^2 = -3$ besitzt die beiden komplexen Lösungen $y = \pm \sqrt{3}\, i$, denn $(\pm \sqrt{3}\, i)^2 = 3i^2 = 3 \cdot (-1) = -3$. Rechnerisch ergeben sich so die beiden Schnittpunkte $(2|\pm \sqrt{3}\, i)$, die sicherlich nicht auf der sichtbaren Kreislinie liegen. Es stellt sich nun die Frage, wie man diese Schnittpunkte verstehen kann. Die übliche Betrachtung der komplexen Zahlen hilft uns bei der Deutung der Schnittpunkte nicht weiter. Jedenfalls ist der Kreis nicht auf die sichtbare Linie begrenzt. Er besitzt zusätzliche, außerhalb gelegene, rätselhafte, komplexe Punkte. Er erstreckt sich bis in fernste Fernen und wirkt auf unsichtbare Weise in der gesamten Ebene.

Im Folgenden soll eine geometrische Deutung der komplexen Zahlen gegeben werden, die auf K. G. C. von Staudt (1798–1867) zurückgeht und von L. Locher-Ernst (1906–1962) fortgeführt wurde. Eine geometrische, bildhafte Darstellung dieser komplexen Schnittpunkte ist damit möglich. Allerdings muss dazu das Konzept vom Punkt viel weiter gefasst werden.

Wir haben gesehen, der Kreis hat etwas gemeinsam mit der Geraden, die ihn nicht in gewöhnlichem Sinn schneidet. Diese Auswirkung des Kreises außerhalb der sichtbaren Kreislinie geschieht über eine koordinierte Bewegung von zwei Punkten auf der Geraden. Die beiden Punkte bewegen sich mit wechselndem Abstand in die gleiche Richtung, ohne dass sie sich treffen. Es gibt dabei eine Position der größten Annäherung, d. h. mit minimalem Abstand. Eine derartige gleichläufige Bewegung lässt sich überraschenderweise als komplexe Zahl interpretieren und man erhält so ein geometrisches Bild der berechneten komplexen Schnittpunkte. Die Hälfte des minimalen Abstands der beiden bewegten Punkte ist der zusätzliche komplexe Anteil der Zahl.

Kommen wir nun zur Erklärung der Punktbewegung auf den Geraden. Von einem beliebigen Punkt Q auf der Geraden g werden die beiden Tangenten an den Kreis gezeichnet. Die Gerade durch die beiden Berührpunkte schneidet g im Punkt P. Würde man umgekehrt mit P beginnen, die Kreistangenten zeichnen und dann die Gerade durch die Berührpunkte mit der Senkrechten g schneiden, so würde man zum Punkt Q kommen. D. h. das gleiche Gesetz, das dem Punkt Q den Punkt P zuordnet, ordnet umgekehrt auch dem Punkt P den Punkt Q zu.

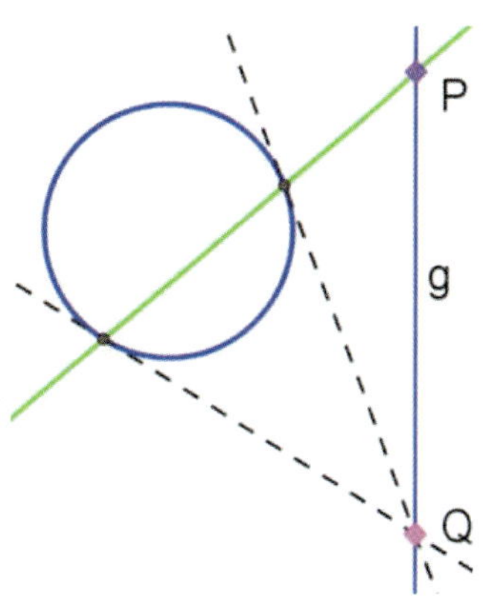

Bewegt sich Q nach unten (bzw. oben), so bewegt sich P ebenfalls in die gleiche Richtung. Die grüne Verbindungsgerade der Berührpunkte dreht sich bei der Bewegung von Q um den Drehpunkt D. Bewegt sich Q weit nach unten, so nähert sich P der Höhe des Kreismittelpunkts. Der Lage von P in gleicher Höhe wie der Kreismittelpunkt entspricht keine Position von Q auf der Geraden. Q ist wie in unendliche Ferne verschwunden, wobei diese unendliche Ferne das Unten und das Oben der Gerade verbindet und die Gerade wie zyklisch durchlaufen wird. Erscheint Q wieder weit oben auf der Senkrechten, so rutscht P ein wenig unter die Höhe des Kreismittelpunkts.

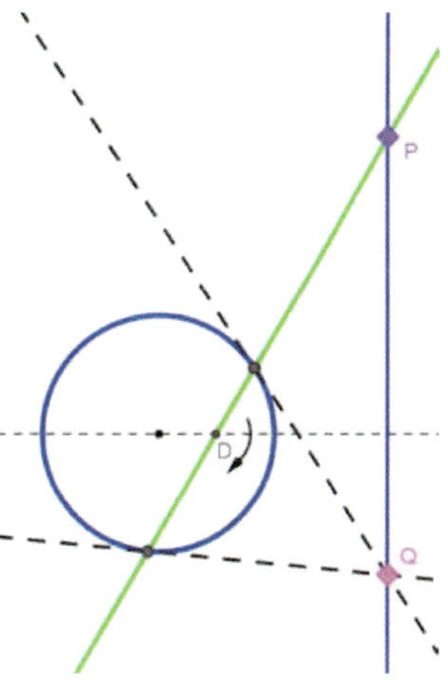

Wenn sich Q langsam weiter nach unten bewegt, wird dadurch eine immer schnellere Abwärtsbewegung von P ausgelöst, bis P im Unendlichen verschwindet, wenn Q die Höhe des Kreismittelpunkts erreicht usw. Dabei erreichen sich die beiden Punkte nie. Der Abstand wird sehr groß, wenn einer der beiden Punkte sich der Höhe des Kreismittelpunkts annähert. Der Abstand von P und Q wird minimal in einer symmetrischen Position zum Lot durch den Kreismittelpunkt auf die Gerade. Diese Position ist charakteristisch für die Bewegung.

Im Beispiel ist die symmetrische Position erreicht, wenn der Punkt Q in Höhe - $\sqrt{3}$ ist und P in Höhe $+\sqrt{3}$. Die Bewegung kann symbolisch durch einen Pfeil in dieser Länge dargestellt werden. In diesem Pfeil sind die komplexen Koordinaten des Schnittpunkts enthalten. Der nach oben gerichtete Pfeil steht für das Paar von komplexen Zahlen (2+0i| 0+ $\sqrt{3}$ i) = (2| $\sqrt{3}$ i), der Pfeil nach unten für (2| -$\sqrt{3}$ i). Der Pfeil ist eine abkürzende bildliche Vereinbarung für die gesamte koordinierte Bewegung der beiden Punkte, die durch die Lage des Kreises und der Geraden hervorgerufen wird.

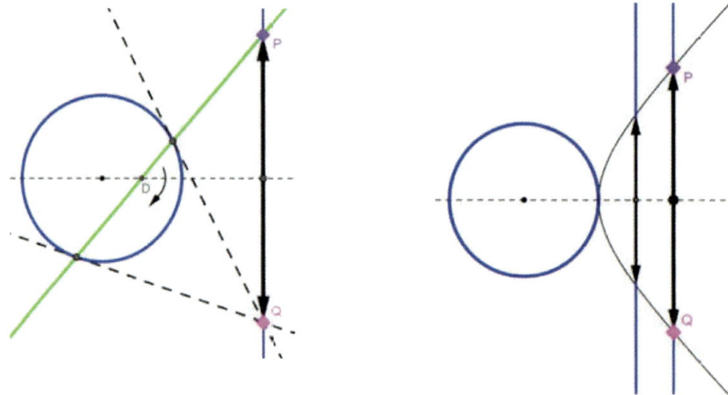

Betrachtet man eine andere Senkrechte statt x = 2, so ist die Bewegung eine andere und die Pfeile haben eine andere Länge. Die Spitzen der Pfeile liegen alle auf der eingezeichneten Hyperbellinie. Sie beginnen jeweils auf Höhe des Kreismittelpunkts. Ist die betrachtete Gerade nicht senkrecht, so dreht man die Figur.

Durch Rotation der Pfeile mit einem beliebigen Winkel um den Kreismittelpunkt erhält man somit alle zum Kreis gehörigen Pfeile, d. h. alle komplexen Kreispunkte. Also beginnen von jedem Punkt im Kreisäußeren zwei entgegengesetzte Pfeile mit fester Länge und ebenso enden an jedem Punkt zwei Pfeile. Je näher die Pfeile am Kreis liegen, desto kürzer sind sie, je weiter außen sie liegen, desto länger sind sie. Im Kreisinneren liegen weder Anfangs- noch Endpunkte von Pfeilen.

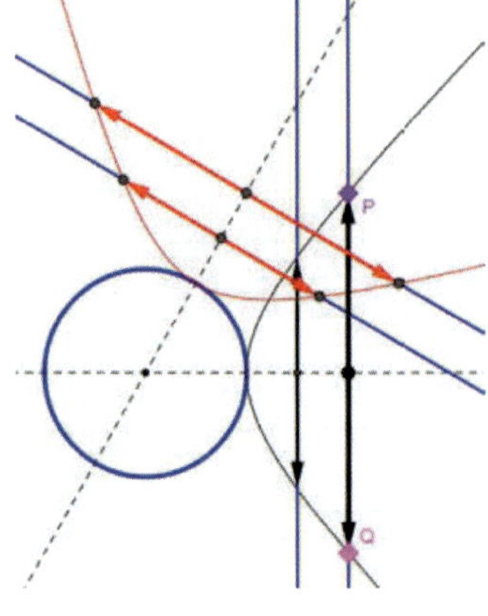

Trägt man die Pfeilspitzen senkrecht zur Zeichenebene räumlich nach oben bzw. unten an (d.h. alle Hyperbeln werden um 90° gedreht an der Gerade durch die Anfangspunkte der Pfeile und den Kreismittelpunkt), so erhält man ein sogenanntes einschaliges Hyperboloid. Das ist eine gekrümmte Fläche im Raum, die jedoch vollkommen aus Geraden aufgebaut ist. Wegen seiner besonderen mathematischen Eigenschaften haben z.B. Kühltürme von Kraftwerken oft eine solche Form. Ein Hyperboloid kann als dreidimensionale Darstellung aller reellen und komplexen Kreispunkte angesehen werden.

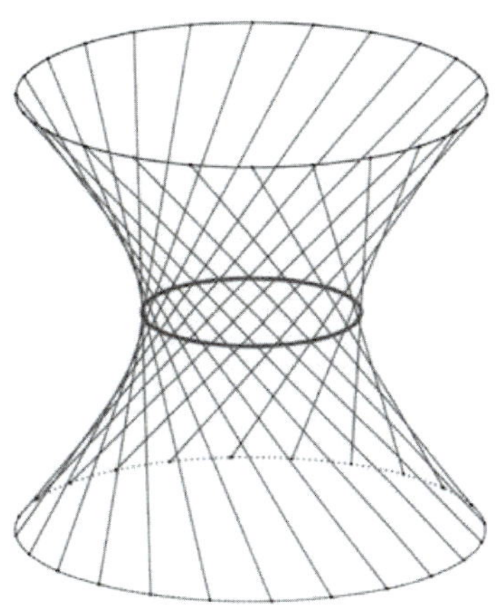

Welche Empfindungen stellen sich zur Form des Hyperboloids ein?

Ein Kreis beinhaltet also eine Vielzahl von sich verdichtenden und sich wieder auseinanderziehenden Bewegungen auf Geraden in der Ebene, die genau aufeinander abgestimmt sind. Die ganze Ebene wird so durch den Kreis rhythmisiert. Diese Beschreibung von komplexen Kreispunkten als geordnete Bewegung von zwei Punkten ist auch deshalb interessant, weil Heinz Grill [14, S. 56f] im Zusammenhang mit geometrischen Formen eine Bewegungsgestalt als Vorstufe der Form erwähnt. Er schreibt, dass es zunächst geistige Urformen gibt, die nicht sichtbar und nicht mit den gezeichneten Formen vergleichbar sind und fährt fort:

> *„Diese Urformen, die in den schöpferischen Welten raumlos und damit unbegrenzt leben, gehen in eine Art Bewegung über. Sie sind, wenn man sich das möglichst anschaulich vorstellt, immer bewegte Formen, die aber zu einer ganz bestimmten Offenbarung drängen. Die Offenbarungen, die sie schließlich einmal annehmen, treten in den Raum herein und werden irdische Formen. Diese erscheinenden, für das Auge sichtbaren irdischen Formen geben ein restliches Bewusstsein von einer ehemals vorausgegangenen Bewegung. Wird man sich aber der Bewegung, die der Form vorausgegangen*

ist, bewusst, so wird man erleben, dass im Hintergrund eine große, ausgegossene Urform oder eine tatsächliche Unendlichkeit in einer bestimmten Gesetzmäßigkeit existiert. So entsteht aus der Urform eine Bewegung und diese wiederum offenbart ihr eigenes Zeichen, indem sie eine letztendlich gültige Form in die räumliche irdische Welt manifestiert."

Vom Grundprinzip her ähnliche Erfahrungen kennen wir aus verschiedensten Bereichen des Lebens. Ein Haus entsteht zuerst in gedanklichen Bildern, dann wird ein Bauplan erstellt und nach diesen Vorbereitungen kann das Haus aus den Baumaterialien tatsächlich gebaut werden. Eine mit der Zeit voranschreitende Verfestigung lässt sich auch beim Menschen beobachten, angefangen beim Hartwerden der noch weichen Knochen des Kleinkinds über die Heranbildung von Gewohnheiten im Laufe des Lebens bis hin zu einer Steifheit, die sich in fortgeschrittenem Alter oft einstellt. In der Natur wiederum sehen wir das fließende Wasser des Bachs, das mit seiner Bewegung ganz langsam ein Bachbett in den Untergrund gräbt. Die Bewegung des Wassers formt mit der Zeit den harten Stein.

Die betrachteten koordinierten Punktbewegungen der komplexen Kreispunkte sind sicherlich zu unterscheiden von der bei Heinz Grill genannten unsichtbaren Bewegung, die eher als ein Empfindungswirken zwischen der gedanklichen geistigen Urform und der physischen Manifestation steht, ähnlich wie die bewegungsfreudige Seele verbindend zwischen Geist und Körper lebt. Dennoch erscheint mir die obige Interpretation der komplexen Kreispunkte als Bewegungsformen hilfreich, denn damit lässt sich aus der Kreislinie mit den Mitteln der Mathematik, die für jeden zugänglich sind, die Vorstellung einer koordinierten Bewegung der ganzen Ebene erzeugen. Dadurch ist ein erstes, bildhaftes Beispiel einer Bewegungsform geschaffen. Außerdem wird durch die Bewegungsvorstellung die sonst oft statische Geometrie geschmeidiger und unser Denken lebendiger. Die uns bekannte Kreislinie erscheint so als sichtbarer, wie geronnener Anteil eines viel größeren unsichtbaren Bewegungsgeschehens.

Die noch vor der Bewegung existierenden gedanklichen Urformen entziehen sich unserer gewöhnlichen räumlichen Vorstellung. Sie drücken jedoch sehr grundlegende, für unser Menschsein wesentliche Qualitäten aus. So schreibt Heinz Grill zum Kreis [14, S. 56]:

„Die Urform eines Kreises beispielsweise lässt sich niemals in einer Art Größenordnung beschreiben, denn sie besitzt in sich selbst eine Unendlichkeit und dennoch aber eine wohlgeordnete Systematik und Proportion."

und:

„Die Urform des Kreises stellt das aufnehmende Prinzip durch das Verbindende und Umschließende dar."

Diese geometrischen Ausführungen können natürliche keine mathematische Bestätigung der seelisch-geistigen Welt oder ihrer Gesetze geben. Dennoch kann die Mathematik einen nützlichen Dienst leisten, wie Ernst Schuberth [21, S. 10] schreibt: *„Es sollen aber Gedankenformen bereitgestellt werden, die solche Aussagen wirklich denkbar machen."* Nicht zuletzt darin liegt auch der Sinn des Mathematiklernens.

Als Übung können Sie diese Sätze von Heinz Grill über mehrere Tage hinweg möglichst zur gleichen Tageszeit für einige Minuten in die Konzentration nehmen. Setzen Sie sich dazu entspannt und mit aufgerichtetem Rücken an einen ungestörten Ort, lassen Sie den alltäglichen Gedankenstrom beiseite und stellen Sie dann diese Sätze vor Ihr inneres Auge. Denken Sie diese wiederholt mit innerer Anteilnahme, ohne sie aber zu interpretieren. Lauschen Sie unvoreingenommen, was Ihnen dann entgegenkommt.

Aus welcher inneren Haltung heraus und mit welchen Empfindungen könnte Heinz Grill diese Sätze geschrieben haben?

Anmerkungen

(1) Eine weitere mögliche Betrachtung zu den Zahlen könnte im Rahmen der Astrologie erfolgen. Die Eins entspricht dem Aspekt der Konjunktion, bei der zwei oder mehr Gestirne in der gleichen Richtung stehen, was als besonders bedeutsam gilt. Die Zwei entspricht der Opposition, bei der zwei Gestirne diametral gegenüber stehen, die Drei dem Trigon, bei dem zwei Gestirne einen 120°-Winkel vom Zentrum aus gesehen bilden, die Vier dem Quadrat mit 90°, die Fünf dem Quintil mit 72°, die Sechs dem Sextil mit 60°.

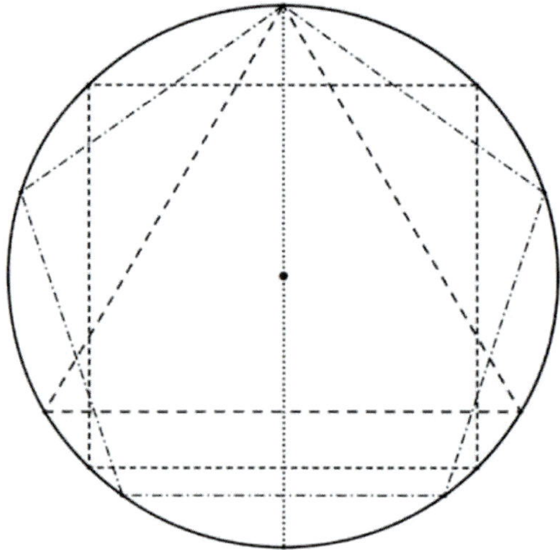

Opposition, Trigon, Quadrat, Quintil

(2) Die Kurven mit Exponent 2 sind die sogenannten Kegelschnitte: Kreis, Ellipse, Parabel und Hyperbel. Kreis und Ellipse sind im Endlichen geschlossene Kurven. Parabel und Hyperbel sind in der projektiven Geometrie unter Zuhilfenahme des Unendlichen ebenfalls geschlossen. Die Zweiheit kommt darin zum Ausdruck, dass diese Kurven die Ebene in einen Innen- und einen Außenraum unterteilen.

(3) Bemerkungen zum Goldenen Schnitt

$1 : M = M : m$, wobei $M + m = 1$, also $m = 1 - M$

$\Rightarrow 1 : M = M : (1 - M)$, nun wird mit M und (1 - M) multipliziert

$\Rightarrow 1 - M = M^2$, $\Rightarrow$ $0 = M^2 + M - 1$.

Mit der Lösungsformel für quadratische Gleichungen:

$M_{1,2} = \dfrac{-b \pm \sqrt{b^2 - 4ac}}{2a}$ erhält man $M_{1,2} = \dfrac{-1 \pm \sqrt{5}}{2}$, also mit + gerechnet $M_1 \approx 0{,}618$. Mit – gerechnet ergibt sich $M_2 \approx -1{,}618$, wobei ein negativer Wert zunächst keinen Sinn ergibt.

Die klassische Konstruktion der Teilung einer Strecke im Goldenen Schnitt beruht auf der Länge der Diagonale im Doppelquadrat, wobei die Figur halb so groß gezeichnet wird:

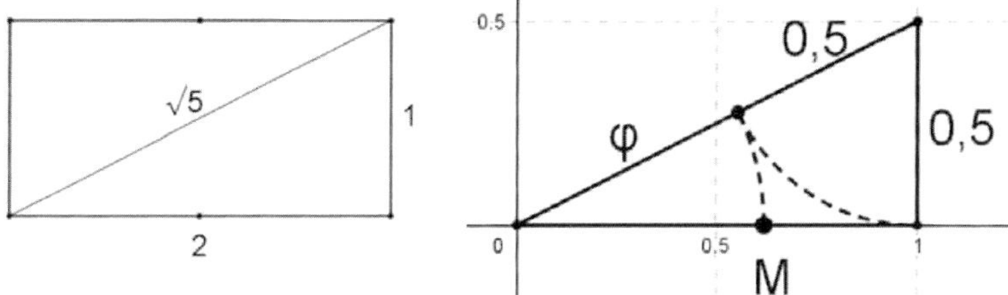

Eine schöne und einfache Konstruktion des Goldenen Schnitts geht von einem gleichseitigen Dreieck und seinem Umkreis aus. Dabei sind A und M die Mitten der Dreieckseiten.

Eine andere ebenso schöne Konstruktion beginnt mit einem Quadrat, in dem ein gleichschenkliges Dreieck liegt und in diesem wiederum ein Kreis. Aus Quadrat und Dreieck ergibt sich $\sqrt{5}$ sowie mit M der Goldene Schnitt.

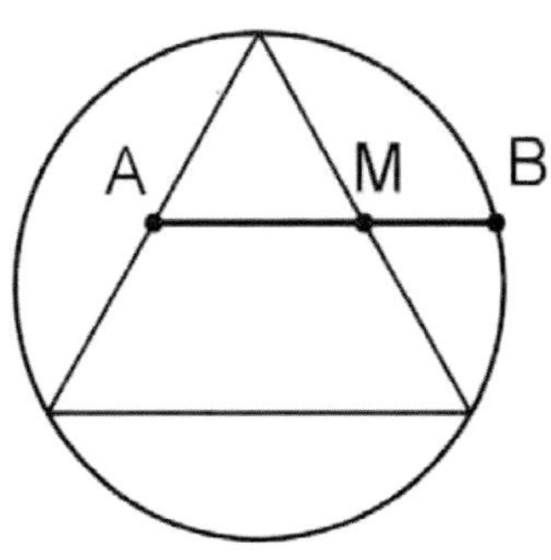

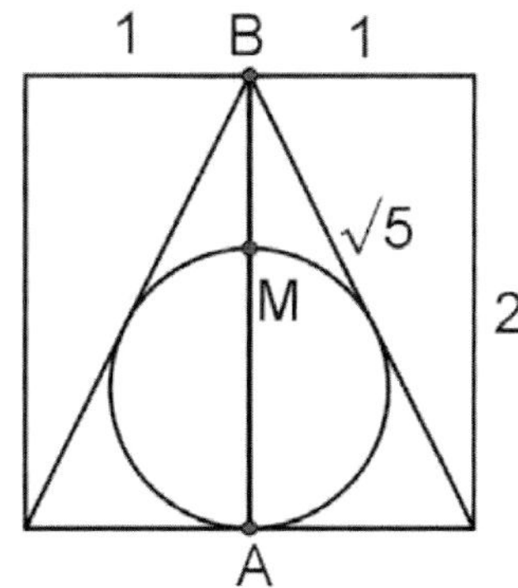

(4) Ein mathematisches Theorem, bei dem die Zahl Sechs eine wesentliche Rolle spielt, ist der Satz von Pascal, den Blaise Pascal (1623 – 1662) entdeckte. Durch fünf vorgegebene Punkte gibt es genau einen Kegelschnitt. Liegt nun ein sechster Punkt auf dem Kegelschnitt, so besitzt das entstehende Sechseck eine besondere Eigenschaft. Bezeichnet man seine Seiten fortlaufend mit 1, 2, 3, 1, 2, 3 und schneidet die Verlängerungen der Seiten mit gleicher Bezeichnung, so liegen die drei Schnittpunkte immer auf einer Geraden. Das ist etwas Besonderes, denn drei beliebig gewählte Punkte bilden typischerweise ein Dreieck und liegen nicht auf einer Geraden. Im Sonderfall eines regelmäßigen Sechsecks sind die drei jeweils gegenüberliegenden Seitenpaare parallel. In der projektiven Geometrie sagt man, sie schneiden sich auf der Ferngerade im Unendlichen.

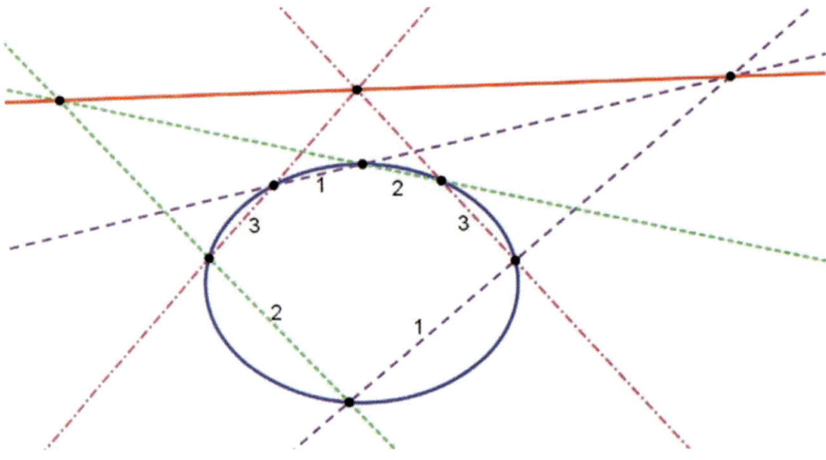

Wie das regelmäßige Sechseck (wegen Seitenlänge = Radius) eng zum Kreis gehört, stehen allgemein Sechsecke durch den Satz von Pascal in besonderer Beziehung zu den Kegelschnitten.

Quellen der Fotos und Zeichnungen aus dem Internet

(teils wurden nur Bildausschnitte verwendet)

S. 68: Rose
Pixabay

S. 72: Apfel
Autor: Rasbak, Lizenz: Creativ Commons

S. 78: Lilie
Pixabay

S. 80: Bienenwabe
Pixabay

S. 81: Basaltsäulen
Autor: Man vyi

S. 83: Schneekristalle
Autor: Wilson Bentley

S. 87: Keilschrift 7
vom Autor konstruiert

S. 94: Wintterlin – vom Autor nachkonstruiert

S. 101: Chakren
Autor: LordtNis, Lizenz: Creativ Commons

S. 104: Säulenworte
Zeichnung: Assja Turgenieff

Literaturhinweise

1. Adams, George: Von dem ätherischen Raume, Stuttgart, 1964
2. Aïvanhov, Omraam: Die geometrischen Figuren und ihre Sprache, Rottweil, 2005
3. Baravalle, Hermann von: Geometrie als Sprache der Formen, Freiburg, 1957
4. Baumann, Jelass: Die Entfesselung des Denkens – Pythagoras, Zürich, 2003
5. Bindel, Ernst: Die geistigen Grundlagen der Zahlen, Stuttgart, 2003
6. Bindel, Ernst: Das Rechnen, Stuttgart, 1996
7. Bühler, Walter: Das Pentagramm und der Goldene Schnitt als Schöpfungsprinzip, Stuttgart, 1996
8. Doczi, György: Die Kraft der Grenzen, München, 1984
9. Edwards, Lawrence: Geometrie des Lebendigen, Stuttgart, 1986
10. Gollwitzer, Gerhard: Der Kreis spricht, Tübingen, 1962
11. Grill, Heinz: Die Herzmittelstellung und die Standposition im Leben, Häfnerhaslach, 2000
12. Grill, Heinz: Die geistige Bedeutung der Dreiecksform, Häfnerhaslach, 2006
13. Grill, Heinz: Die Idee der Synthese von Spiritualität und Baukunst, Häfnerhaslach, 2008
14. Grill, Heinz: Das Wesensgeheimnis der Seele, Sigmaringen, 2014
15. Grill, Heinz: Kosmos und Mensch, Sigmaringen, 2015
16. Grill, Heinz: Übungen für die Seele, Basel, 2017
17. Grill, Heinz: Die 7 Lebensjahrsiebte und die 7 Chakren, Basel, 2019
18. Keller - von Asten, Heidi: Bilden Sinnen Schauen, Dornach, 1975
19. Kepler, Johannes: Strena, Vom sechseckigen Schnee, Berlin, 1943
20. Kükelhaus, Hugo: Urzahl und Gebärde, Zug, 2001
21. Locher-Ernst, Louis: Geometrische Metamorphosen, Dornach, 1970
22. Riedel, Ingrid: Formen, Stuttgart, 1988
23. Schultz, Joachim: Rhythmen der Sterne, Dornach, 1963
24. Steiner Rudolf: Theosophie, GA 9
25. Steiner, Rudolf: Wie erlangt man Erkenntnisse der höheren Welten, GA 10
26. Steiner, Rudolf: Die Geheimwissenschaft im Umriß, GA 13
27. Steiner, Rudolf: Ursprungsimpulse der Geisteswissenschaft, GA 96
28. Steiner, Rudolf: Mythen und Sagen. Okkulte Zeichen und Symbole, GA 101
29. Steiner, Rudolf: Die Apokalypse des Johannes, GA 104
30. Steiner, Rudolf: Wege und Ziele des geistigen Menschen, GA 125

31. Steiner, Rudolf: Die Welt des Geistes und ihr Hereinragen in das physische Dasein, GA 150
32. Steiner, Rudolf: Der Zusammenhang des Menschen mit der elementarischen Welt, GA 158
33. Steiner, Rudolf: Die Brücke zwischen der Weltgeistigkeit und dem Physischen des Menschen, GA 202
34. Steiner, Rudolf: Bilder okkulter Siegel und Säulen, GA 284
35. Steiner, Rudolf: Wege zu einem neuen Baustil, GA 286
36. Steiner, Rudolf: Allgemeine Menschenkunde, GA 293
37. Steiner, Rudolf: Die gesunde Entwickelung des Menschenwesens, GA 303
38. Steiner, Rudolf: Mensch und Welt – Das Wirken des Geistes in der Natur – Über das Wesen der Bienen, GA 351
39. Stolzenburg, Alexander: Projektive Geometrie, Stuttgart, 2009
40. Walser, Hans: Der Goldene Schnitt, Leipzig, 2009

Sowie diverse andere Bücher und Beiträge im Internet. Insbesondere *https://www.cut-the-knot.org/do_you_know/GoldenRatio.shtml* von Alexander Bogomolny enthält eine Fülle an Konstruktionen und Beispielen zum Goldenen Schnitt.

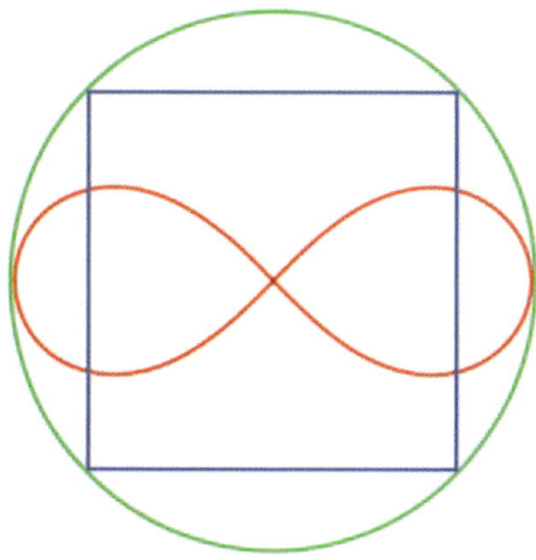

IMPRESSUM

Bibliografische Information der Deutschen Bibliothek
Die Deutsche Bibliothek verzeichnet diese Publikation in der deutschen Nationalbibliografie; detaillierte bibliografische Daten sind im Internet über *https://dnb.de* abrufbar.

Stephan Wunderlich Verlag
Gorheimer Str. 16
D-72488 Sigmaringen
Tel: +49 (0) 75 71 18 54 997
Fax: +49 (0) 32 22 62 68 144
E-Mail: info@stw-verlag.de
Internet: https.//stw-verlag.de

ISBN: 978-3-948803-12-4

Unter Verwendung folgender Titel von Hansjörg Bögle:

- Lebendiges Erleben der Geometrie am Beispiel des Dreiecks
- Formen und ihre Beziehung zum Menschen
- Was drückt sich in der Zahl Fünf, dem Fünfeck, dem Fünfstern und dem Goldenen Schnitt aus?
- Die Zahl Sieben und die menschliche Entwicklung in sieben Schritten

Satz: Albert Wimmer
Druck: WirmachenDruck.de